不添加任何色素，全部使用黑豆、抹茶、红糖等健康食材

超可爱造型饼干

日本身文制果 编著　　金 璐 译

南海出版公司
2018 · 海口

关于造型饼干

01 切到最后仍保持图案不变

擀成条状的饼干面团切到最后还能保持图案不变。连造型的细微差异都有一种特别的感觉。

02 没有模子也能完成可爱造型

像搭积木一样组装部件做成的造型饼干，即使没有模子也能做出五颜六色的形状和花纹。

03 随时享用新鲜出炉的饼干

只要将面团做好、整形，想吃的时候切几块，就可以随时享用到新鲜出炉的饼干。也非常适合馈赠亲友。

04 可冷冻保存，保质期很长

面团在冷冻的条件下可保存1个月左右。整形前已着色的面团也可以冷冻保存，所以稍微做多一点也没关系。

目录
contents

基本图案

小动物图案

节庆主题图案

基本做法

各图案的做法

本书规则

◎ 选用中号鸡蛋。
◎ 使用无盐黄油。
◎ 上色用的色素粉受品牌等因素影响会呈现不同显色度。可根据配方的用量稍作调整，调节到自己满意的颜色。
◎ 部件尺寸中的“长”统一为8厘米。
◎ 书中面皮尺寸全部以右图方法标示。

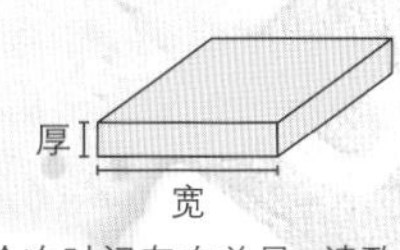

◎ 由于冷藏室和冷冻室的使用年份和机器种类不同，所需冷藏、冷冻时间存在差异，请酌情调整操作时间。
◎ ⇒冷冻15分钟 表示需要冷冻的大致时间。要按照标示时间，待面团达到方便整形的硬度后再操作。最理想的硬度是：稍稍用力切割，面团即可分开，并且不会压扁面团。在太硬的状态下切会让面团开裂，太软又会变形，需要小心操作。
◎ 解冻时要放进冷藏室缓慢解冻。
◎ 使用电烤箱和煤气灶皆可。由于使用年份和机器种类不同，需要的温度和烘焙时间也不同，要根据标示的时间酌情调整。
◎ 烤饼干时，在烤盘上铺一张烤盘纸，再将切好的面团分开摆放，放入烤箱。
◎ 饼干烤好后，必须静置降温片刻，以防烫伤。
◎ 烤好的饼干要装进放有干燥剂的密闭容器或自封袋内保存。

基本图案

Basic 01

风车饼干

重叠两块面团，一圈一圈卷起来，瞬间即可完成。隐约流露出令人怀念的旧时味道。

材料

★黄油面团（成品约100克）

无盐黄油 ··························50克
糖粉 ······························38克
全蛋 ······························13克
盐 ································1小撮

●白色、原味（成品约100克）

★黄油面团 ·······················50克
♥低筋面粉 ·······················41克
杏仁粉····························9克

●褐色、可可味（成品约100克）

★黄油面团 ·······················50克
♥低筋面粉 ·······················36克
杏仁粉····························7克
可可粉····························7克

做法

1 用★的材料做成面团（做法参照第48页）。

2 加入♥的材料，做成双色面团。

※长度均为8厘米。

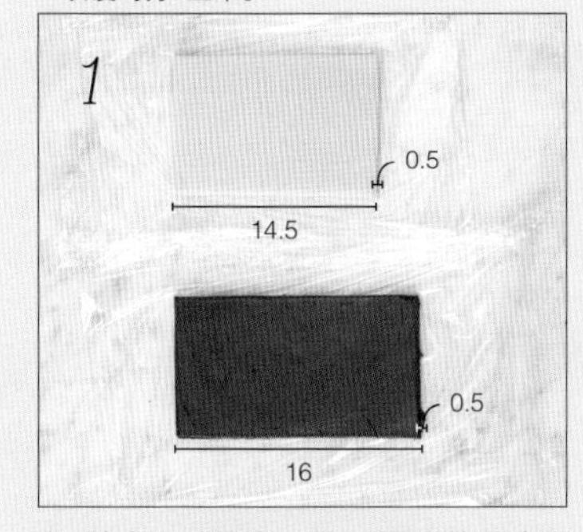

做1块宽14.5厘米、厚0.5厘米的原味面皮（常温）和1块宽16厘米、厚0.5厘米的可可面皮（常温）。

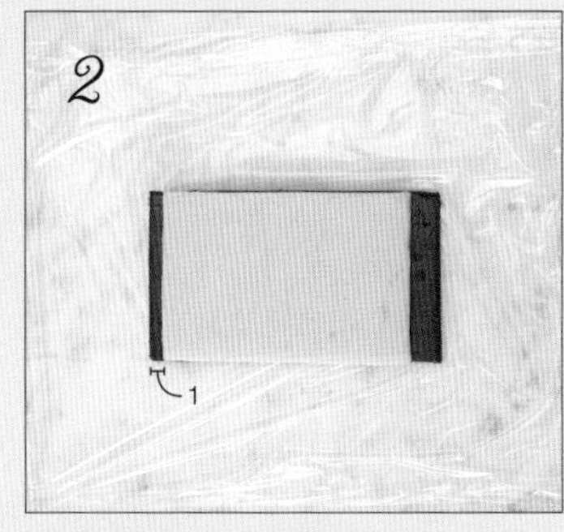

将两张面皮底边对齐地摞在一起，左边空出1厘米左右，放在保鲜膜上。

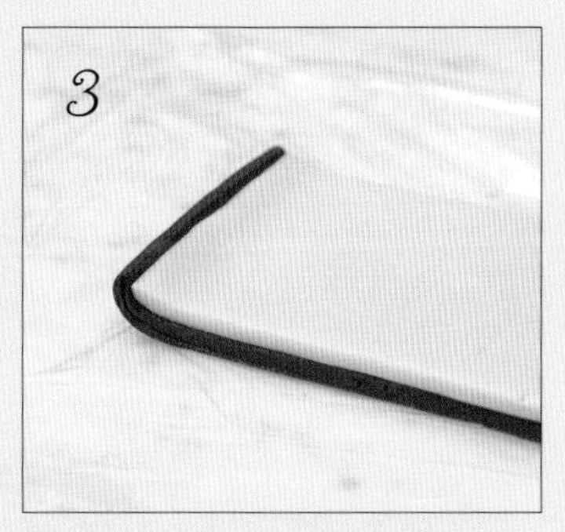

用可可面皮包裹住原味面皮的横截面，捏在一起。

用保鲜膜把3卷起来。为避免面团开裂，要抬着保鲜膜慢慢卷。

卷完的状态。

用手滚面团，一边整形一边捏合连接部分。

⇒冷冻30分钟以上

将6解冻，用小刀切成0.7～0.8厘米厚的片。

烤箱预热至170℃，烤15分钟左右，再调到160℃，继续烤3分钟左右。

Basic 02

年轮饼干

如同树木年轮一样的同心圆花纹独具特色。新鲜出炉的饼干松软，冷却后的饼干香脆，各具风味，是一种朴素的组合。

材料

★黄油面团（成品约100克）

无盐黄油 ··························50克
糖粉 ································38克
全蛋 ································13克
盐 ································· 1小撮

白色、原味（成品约80克）

★黄油面团 ·····················40克
♥低筋面粉 ·····················33克
杏仁粉····························· 7克

褐色、可可味（成品约120克）

★黄油面团 ·····················60克
♥低筋面粉 ·····················44克
杏仁粉····························· 8克
可可粉····························· 8克

做法

1 用★的材料做成面团（做法参照第48页）。

2 加入♥的材料，做成双色面团。

※第32页“树”的做法可参考本页的步骤*1*～*4*。

※长度均为8厘米。

把直径1厘米的原味圆柱面团（冷冻）放在宽6厘米、厚0.5厘米的可可面皮（常温）上。

将*1*卷起来，整形。

⇒冷冻15分钟

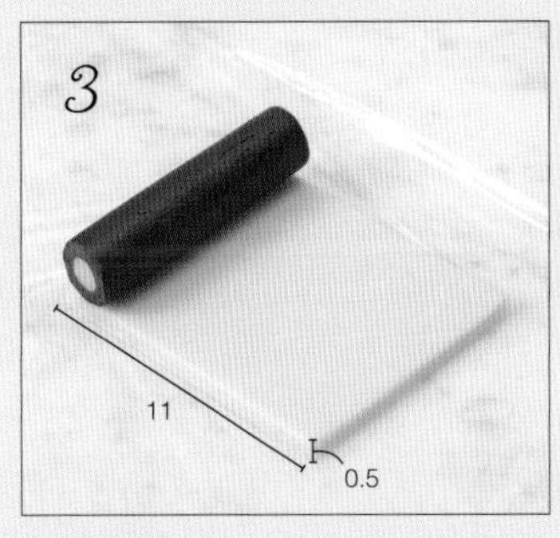

用宽11厘米、厚0.5厘米的原味面皮（常温）把*2*卷起来。

正好卷完1圈后，用小刀把多余的部分切去，将横截面捏合到一起。

⇒冷冻15分钟

用宽14厘米、厚0.5厘米的可可面皮（常温）将*4*卷起来。

正好卷完1圈后，用小刀把多余的部分切去，将横截面捏合到一起。

解冻*6*，用小刀切成0.7～0.8厘米厚的片。

烤箱预热至170℃，烤15分钟左右，再调到160℃，继续烤3分钟左右。

Basic 03

条纹饼干

横看是沉稳的横纹，竖看是洗练的竖纹。通过组合宽窄各异的条纹，产生富于变化的图案。

材料

★黄油面团（成品约100克）

- 无盐黄油 ……………………50克
- 糖粉 ……………………38克
- 全蛋 ……………………13克
- 盐 ……………………1小撮

白色、原味（成品约100克）

- ★黄油面团 ……………… 50克
- ♥低筋面粉 ……………… 41克
- 杏仁粉……………………… 9克

●褐色、可可味（成品约100克）

- ★黄油面团 ……………… 50克
- ♥低筋面粉 ……………… 36克
- 杏仁粉……………………… 7克
- 可可粉……………………… 7克

做法

1 用★的材料做成面团（做法参照第48页）。

2 加入♥的材料，做成双色面团。

※长度均为8厘米。

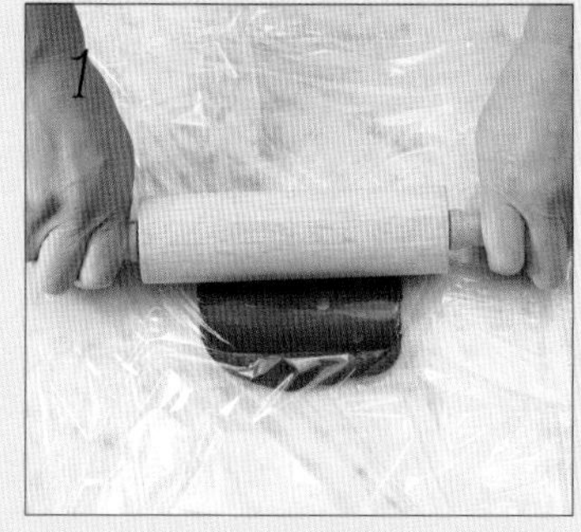

准备可可面团100克（常温），用擀面杖擀成2片宽4厘米、厚0.5厘米的面皮（常温）。

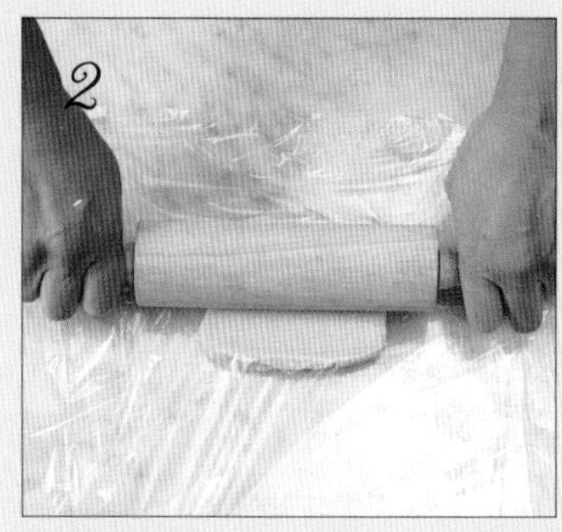

准备原味面团100克（常温），用擀面杖擀成2片宽4厘米、厚0.5厘米的面皮（常温）。

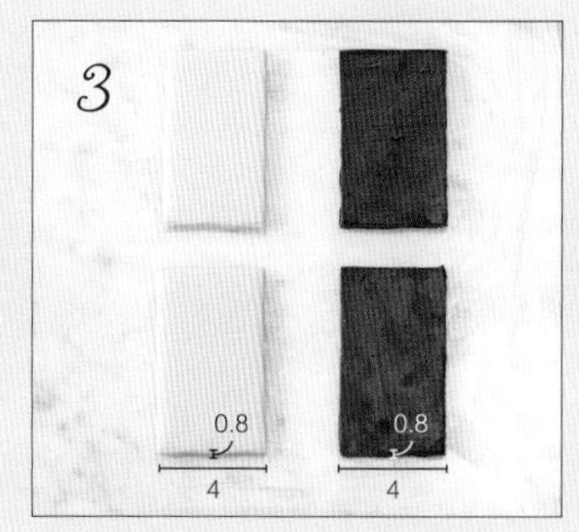

将1和2的面皮对齐。

各取一个颜色的面皮重叠在一起。注意四角对齐。

将剩余2块颜色错开放在4上。

用保鲜膜包起来，用手压实面皮的连接部分。

⇒冷冻30分钟

解冻6，用小刀切成0.7～0.8厘米厚的片。

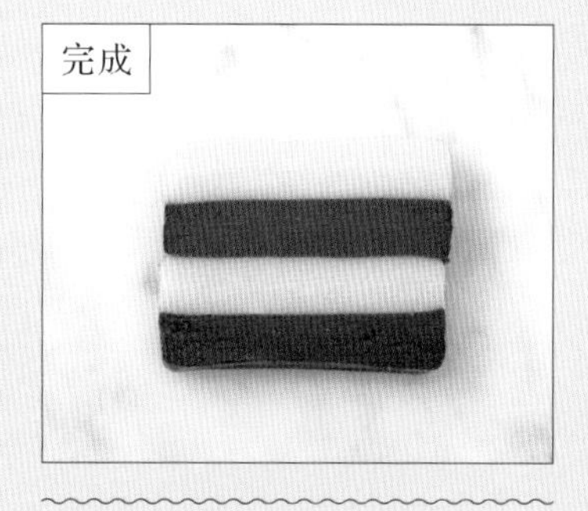

烤箱预热至170℃，烤15分钟左右，再调到160℃，继续烤3分钟左右。

Basic 04

棋盘格饼干

交叉组合不同颜色的正方形，有序展开成格子形状的棋盘格图案。虽然做法简单，但完成效果精致考究，所以也是馈赠亲友的上佳之选。

材料

★黄油面团（成品约100克）

- 无盐黄油 ………………………50克
- 糖粉 ……………………………38克
- 全蛋 ……………………………13克
- 盐 ……………………………… 1小撮

白色、原味（成品约100克）

- ★黄油面团 ………………… 50克
- ♥低筋面粉 ………………… 41克
- 杏仁粉………………………… 9克

●褐色、可可味（成品约100克）

- ★黄油面团 ………………… 50克
- ♥低筋面粉 ………………… 36克
- 杏仁粉………………………… 7克
- 可可粉………………………… 7克

做法

1 用★的材料做成面团（做法参照第48页）。

2 加入♥的材料，做成双色面团。

※长度均为8厘米。

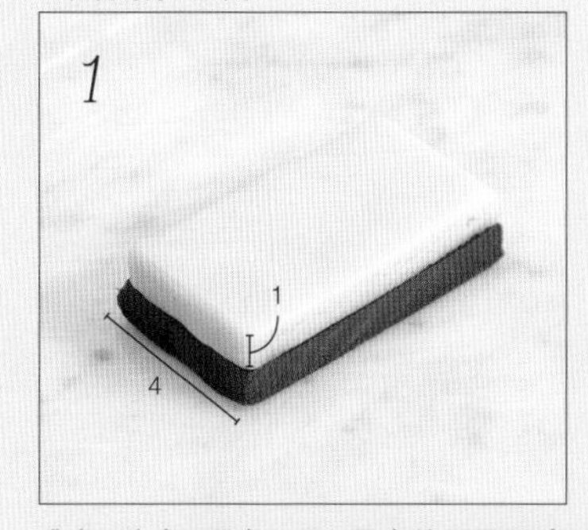

准备2片宽4厘米、厚1厘米的可可面皮（常温）和2片宽4厘米、厚1厘米的原味面皮（常温），各取1片叠在一起。

将剩余2片叠放在 *1* 上。

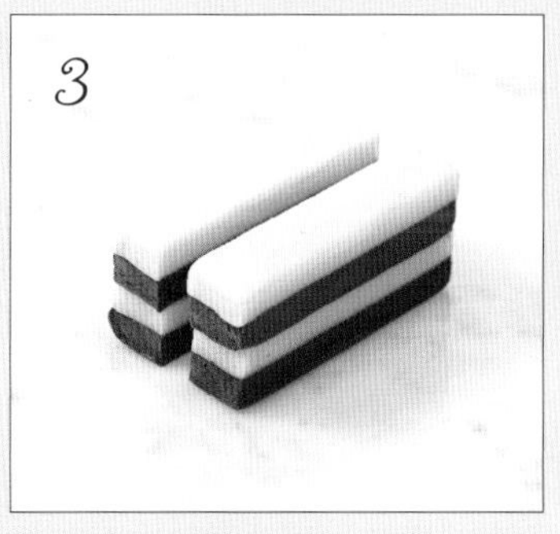

用小刀将 *2* 对半切开。

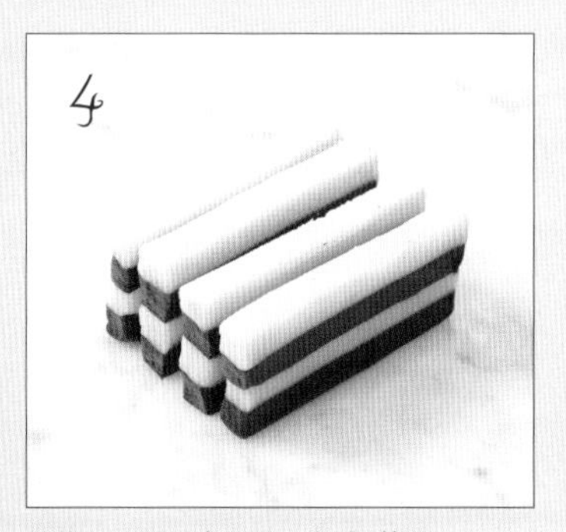

再将 *3* 分别对半切开，变成4等份。

将 *4* 上下交错重叠，用保鲜膜包起来，再用手压实。

压实的状态。

⇒冷冻30分钟

解冻 *6* ，用小刀切成0.7～0.8厘米厚的片。

完成

烤箱预热至170℃，烤15分钟左右，再调到160℃，继续烤3分钟。

运用丰富的色彩

用不同的颜色制作基本图案。
仅靠改变配色、外观和口味就会焕然一新。

a.

★黄油面团
（成品约 100 克）
无盐黄油 ……… 50 克
糖粉 …………… 38 克
全蛋 …………… 13 克
盐 …………… 1 小撮

●绿色、抹茶味
（成品约 100 克）
★黄油面团………… 50 克
♥低筋面粉………… 37 克
抹茶粉…………… 6 克
杏仁粉…………… 7 克

●白色、原味
（成品约 100 克）
★黄油面团………… 50 克
♥低筋面粉………… 41 克
杏仁粉…………… 9 克

做法参照 → 第5页

b.

★黄油面团
（成品约 100 克）
无盐黄油 ……… 50 克
糖粉 …………… 38 克
全蛋 …………… 13 克
盐 …………… 1 小撮

●紫色、紫薯味
（成品约 100 克）
★黄油面团………… 50 克
♥低筋面粉………… 36 克
紫薯粉…………… 7 克
杏仁粉…………… 7 克

●白色、原味
（成品约 100 克）
★黄油面团………… 50 克
♥低筋面粉………… 41 克
杏仁粉…………… 9 克

做法参照 → 第5页

c.

★黄油面团
（成品约 70 克）
无盐黄油 ……… 35 克
糖粉 …………… 27 克
全蛋 …………… 9 克
盐 …………… 1 小撮

●米色、豆粉味
（成品约 100 克）
★黄油面团………… 50 克
♥低筋面粉………… 37 克
豆粉…………… 7 克
杏仁粉…………… 7 克

●白色、原味
（成品约 40 克）
★黄油面团………… 20 克
♥低筋面粉………… 16 克
杏仁粉…………… 4 克

做法参照 →
第7页的步骤 1～4

d.

★黄油面团
（成品约 70 克）
无盐黄油…………… 35 克
糖粉…………… 27 克
全蛋…………… 9 克
盐…………… 1 小撮

●绿色、抹茶味
（成品约 100 克）
★黄油面团………… 50 克
♥低筋面粉………… 37 克
抹茶粉…………… 6 克
杏仁粉…………… 7 克

●紫色、紫薯味
（成品约 40 克）
★黄油面团………… 20 克
♥低筋面粉………… 15 克
紫薯粉…………… 3 克
杏仁粉…………… 3 克

做法参照 →
第7页的步骤 1～4

e.

★黄油面团
（成品约 100 克）
无盐黄油 ········· 50 克
糖粉 ··············· 38 克
全蛋 ··············· 13 克
盐 ··············· 1 小撮

●粉红色、草莓味
（成品约 100 克）
★黄油面团··········· 50 克
♥低筋面粉··········· 35 克
草莓粉··············· 8 克
杏仁粉··············· 7 克

●黑色、黑可可味
（成品约 100 克）
★黄油面团··········· 50 克
♥低筋面粉··········· 35 克
黑可可粉··········· 5 克
可可粉··············· 3 克
杏仁粉··············· 7 克

做法参照 → 第9页

f.

★黄油面团
（成品约 100 克）
无盐黄油 ········· 50 克
糖粉 ··············· 38 克
全蛋 ··············· 13 克
盐 ··············· 1 小撮

●褐色、可可味
（成品约 100 克）
★黄油面团··········· 50 克
♥低筋面粉··········· 36 克
可可粉··············· 7 克
杏仁粉··············· 7 克

●黄色、南瓜味
（成品约 100 克）
★黄油面团··········· 50 克
♥低筋面粉··········· 36 克
南瓜粉··············· 7 克
杏仁粉··············· 7 克

做法参照 → 第9页

g.

★黄油面团
（成品约 100 克）
无盐黄油 ········· 50 克
糖粉 ··············· 38 克
全蛋 ··············· 13 克
盐 ··············· 1 小撮

●黄色、南瓜味
（成品约 100 克）
★黄油面团··········· 50 克
♥低筋面粉··········· 36 克
南瓜粉··············· 7 克
杏仁粉··············· 7 克

●粉红色、草莓味
（成品约 100 克）
★黄油面团··········· 50 克
♥低筋面粉··········· 35 克
草莓粉··············· 8 克
杏仁粉··············· 7 克

做法参照 → 第11页

h.

★黄油面团
（成品约 100 克）
无盐黄油 ········· 50 克
糖粉 ··············· 38 克
全蛋 ··············· 13 克
盐 ··············· 1 小撮

●紫色、紫薯味
（成品约 100 克）
★黄油面团··········· 50 克
♥低筋面粉··········· 36 克
紫薯粉··············· 7 克
杏仁粉··············· 7 克

●黄色、南瓜味
（成品约 100 克）
★黄油面团··········· 50 克
♥低筋面粉··········· 36 克
南瓜粉··············· 7 克
杏仁粉··············· 7 克

做法参照 → 第11页

小动物图案

01

小猫与小鱼

圆圆眼睛的可爱猫咪。唇齿间流淌着淡淡的可可粉的味道。搭配用多余面团做成的猫咪最爱——小鱼饼干。

做法 ↘ 第54～55页

02

童花头娃娃

宛如姐妹一样的童花头娃娃们。每个横截面都会产生绝妙的表情变化，童趣十足。利用可可粉和抹茶粉，使味道更贴近成年人的口味。

做法 ➘ 第56～57页

03

苹果

纯粹的原味与覆盆子的酸味相得益彰。果实的酸甜在口中弥散，清香甜美。

做法→第58页

04

鸭子

就像漂浮在浴盆里的玩具鸭子。散发诱人南瓜香，张大嘴巴咬上一口，心情瞬间放松下来。

做法 → 第59页

05

小狗与骨头

豆粉饼干似乎有一种能让人平静的味道。绵柔的豆粉香，加上淡淡的可可香，结合得恰到好处。

做法→第60～61页

06

小鸟（鸡尾鹦鹉、文鸟、鹦鹉）

表情丰富的小鸟组合。看着小鸟们一张张呆萌的小脸，是不是也让你无处下嘴呢？快召集小伙伴们欢乐开动吧。

做法→第62~65页

07

彩虹

使用5种颜色的面团，充分满足幻想的彩虹饼干。抹茶的苦、覆盆子的酸、紫薯的甜……每一种都个性鲜明，却也让人欲罢不能。

做法 → 第66页

08

青蛙

蹦蹦跳跳的青蛙们穿着美丽的绿色外衣，散发扑鼻茶香。扎实的抹茶味被牢牢锁在一片片饼干中。

做法 ⇢ 第67页

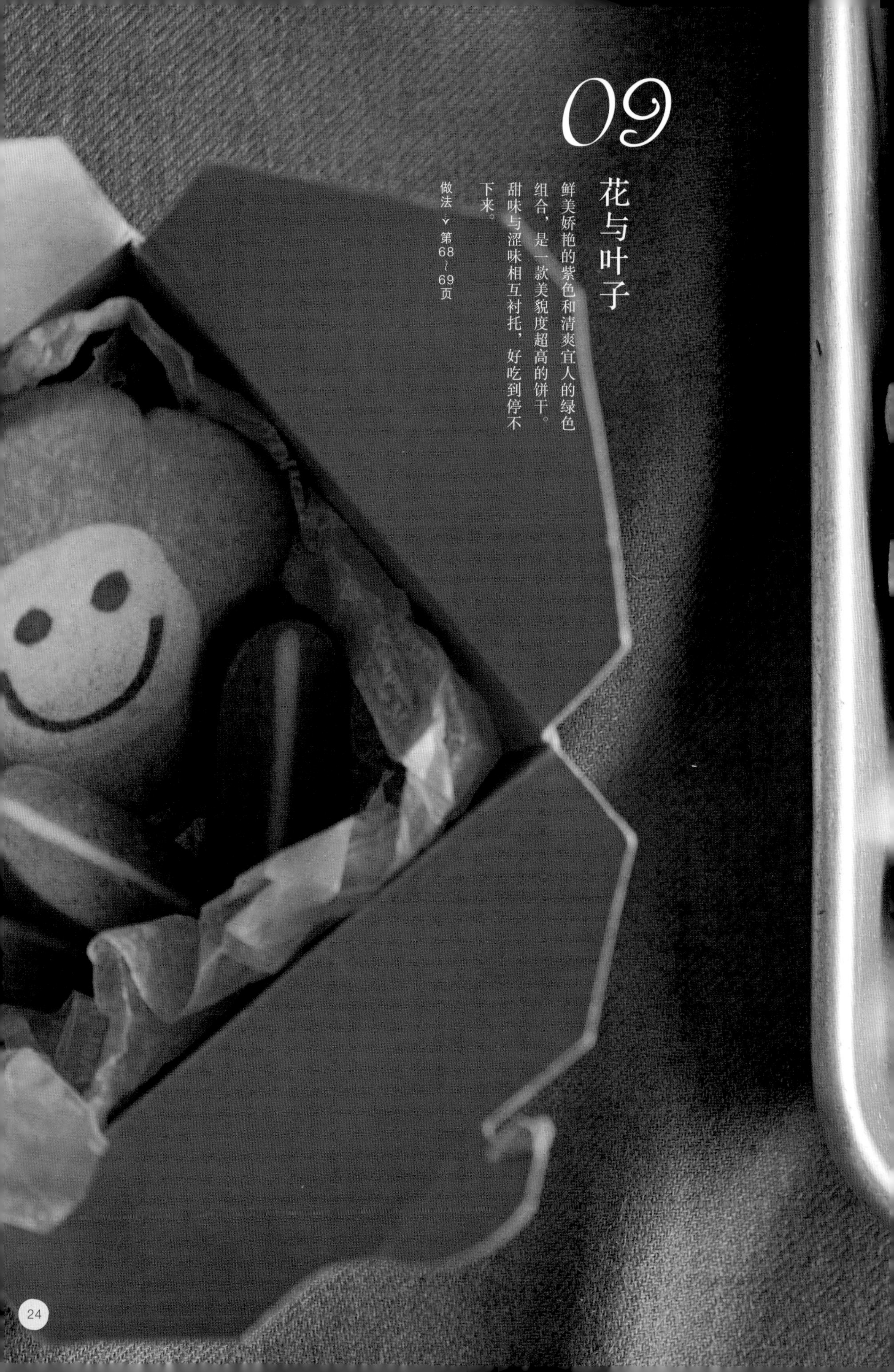

09

花与叶子

鲜美娇艳的紫色和清爽宜人的绿色组合，是一款美貌度超高的饼干。甜味与涩味相互衬托，好吃到停不下来。

做法：第68～69页

10

松鼠与橡果

仿佛听到了『咔嚓咔嚓』的声音。松鼠们捧着至爱橡果啃食的模样特别威风。原味和可可味的组合特别激发食欲。

做法 ⋯➤ 第70～71页

11

绵羊

焦香金黄的绵羊饼干。原味和豆粉味组成特有的质朴风味，好想可以一直吃下去。

做法 ⋙ 第72～73页

12 熊猫

原味和加有少量可可粉的味道是最正统的组合。正因为搭配简单，其中的微甜才更加突显。

做法 ▶ 第74/75页

13

棕熊与鲑鱼

使用了大量的可可面团。搭配用黑芝麻面团做成的鲑鱼，想必棕熊也一定很开心吧。

做法 ⋯➤ 第76~77页

14

狮子与树

吃上一片就能获得满足感的大号饼干。微苦的可可味和清甜的南瓜味交错涌来，意外地让人食指大动。

做法 ▶ 第78～79页

15

考拉与叶子

微焦的颜色诱人无比。细碎的芝麻分布在整个面团中，充满朴素质感。芝麻香味浓郁，小心你会吃个不停！

考拉做法→第80～81页
叶子的做法→第69页

16

猫头鹰

饼干上的猫头鹰目光炯炯，令人无法忽视。可可和豆粉面团的完美结合，下午茶时间别忘了来一块！

做法→第82～83页

18

白熊

这只白熊没有猛兽的威严，反而长了一张温柔的面孔。原味面团中间不时散发出淡淡的紫薯清香。

做法 ➤ 第84～85页

17

企鹅

利用简单材料烘焙而成的企鹅饼干。表情质朴，似乎特别容易亲近。

做法：➤ 第86页

19

假面摔跤手

（面罩、半面、三角）

三人联合也难敌对手的假面摔跤手。
3块口味微甜、清新的摔跤手饼干，
它们的个情仿佛带有一种正气。

做法→第87~89页

专栏2

双色饼干

材料不够时可以利用两种不同颜色的面团制作。仅以原味面团和可可面团穿插配色，就能达到使用了多种材料的效果，创造出丰富美妙的图案。

假面摔跤手

★黄油面团
（成品约 220 克）
无盐黄油 …… 110 克
糖粉 …………… 82 克
全蛋 …………… 30 克
盐 …………… 2 小撮

●褐色、可可味
（成品约 310 克）
★黄油面团……… 155 克
♥低筋面粉……… 112 克
杏仁粉…………… 22 克
可可粉…………… 22 克

○白色、原味
（成品约 130 克）
★黄油面团………… 65 克
♥低筋面粉………… 53 克
杏仁粉 …… 12 克

做法参照 → 第87页

礼物

★黄油面团
（成品约 220 克）
无盐黄油 …… 110 克
糖粉 …………… 82 克
全蛋 …………… 30 克
盐 …………… 2 小撮

●褐色、可可味
（成品约 70 克）
★黄油面团………… 35 克
♥低筋面粉………… 25 克
杏仁粉…………… 5 克
可可粉…………… 5 克

○白色、原味
（成品约 370 克）
★黄油面团……… 185 克
♥低筋面粉……… 152 克
杏仁粉………… 33 克

做法参照 → 第91页

彩虹

★黄油面团
（成品约 175 克）
无盐黄油 ········· 88 克
糖粉 ··············· 66 克
全蛋 ··············· 23 克
盐 ················ 2 小撮
●褐色、可可味
（成品约 205 克）
★黄油面团········· 103 克
♥低筋面粉············ 74 克
杏仁粉··············· 14 克
可可粉··············· 14 克
○白色、原味
（成品约 135 克）
★黄油面团············ 68 克
♥低筋面粉············ 55 克
杏仁粉··············· 12 克

做法参照 → 第66页

花

★黄油面团
（成品约 260 克）
无盐黄油 ······ 130 克
糖粉 ··············· 99 克
全蛋 ··············· 34 克
盐 ················ 3 小撮
●褐色、可可味
（成品约 390 克）
★黄油面团········· 195 克
♥低筋面粉········· 141 克
杏仁粉··············· 27 克
可可粉··············· 27 克
○白色、原味
（成品约 125 克）
★黄油面团············ 63 克
♥低筋面粉············ 51 克
杏仁粉··············· 11 克

做法参照 → 第68～69页

小猫

★黄油面团
（成品约 265 克）
无盐黄油 ······ 132 克
糖粉 ············ 100 克
全蛋 ··············· 35 克
盐 ················ 3 小撮
●褐色、可可味
（成品约 260 克）
★黄油面团········· 130 克
♥低筋面粉············ 94 克
杏仁粉··············· 18 克
可可粉··············· 18 克
○白色、原味
（成品约 270 克）
★黄油面团········· 135 克
♥低筋面粉········· 111 克
杏仁粉··············· 24 克

做法参照 → 第54～55页

＊参考各页的做法，用两种颜色的面团试一下吧。

节庆主题图案

20

蛋糕

非常适合生日等需要庆祝的日子。运用原味、可可和草莓面团做成的以假乱真的蛋糕饼干。

做法 ↘ 第90页

21

礼物

华丽的色彩搭配营造出满满的欢乐气氛。只需将切好的面团重叠即可，简单易做。用双色蝴蝶结装点起来吧。

做法 › 第91页

22

南瓜

像真正的南瓜一样表面坑洼的万圣节南瓜饼干。南瓜和紫薯的香气演绎出秋天的气氛。

做法 ▶ 第92页

23

女巫帽

和其他图案的饼干组合在一起，作为装饰可以增添更多乐趣。女巫帽饼干是瞬间点燃万圣节节日气氛的秘密武器。

做法 ∨ 第93页

24

袜子

让你在毛茸茸的质感与紫薯加南瓜的色彩搭配中感到融融暖意。圆润的袜子边看起来也备感温暖。

做法 ➤ 第94页

25

圣诞树

红、绿、白3色组成的圣诞色。喜庆的配色让人感受到节日脚步的临近，对圣诞节也更加期待。

做法→第95页

基本做法

基本工具

在此介绍本书配方中使用的工具。因为每一样都是制作点心的基本工具，准备齐全的话会很方便。

a. 搅拌盆

可以准备几种稍微深一些的搅拌盆。面团颜色变化的时候，尽量换一个盆。

b. 粉筛

用来筛低筋面粉、杏仁粉、糖粉、给面团上色的粉类时使用。

c. 厨房电子秤

推荐使用精确到克的电子秤。准确称量材料是制作点心的基础。

d. 硅胶刮刀

搅拌面团时可使其顺滑混合。
刮刀部分稍微软一点的比较好用。

e. 尺子

测量小部件的尺寸用。
也可以用含刻度的亚克力贴纸代替。

f. 打蛋器

在搅拌的同时使材料包裹空气。
想要充分混合材料或者和面时用。

g. 小刀

切分条状面团、修整部件的形状时使用。

h. 擀面杖

延展面团、擀片时使用。长度20厘米左右即可。

i. 保鲜膜

是保持面团干燥、防止粘连的法宝。
也可以用保鲜膜包裹面团进行保存。

j. 筷子、牙签

筷子可以用来给面团压出小坑，
牙签可以在画图案时使用。

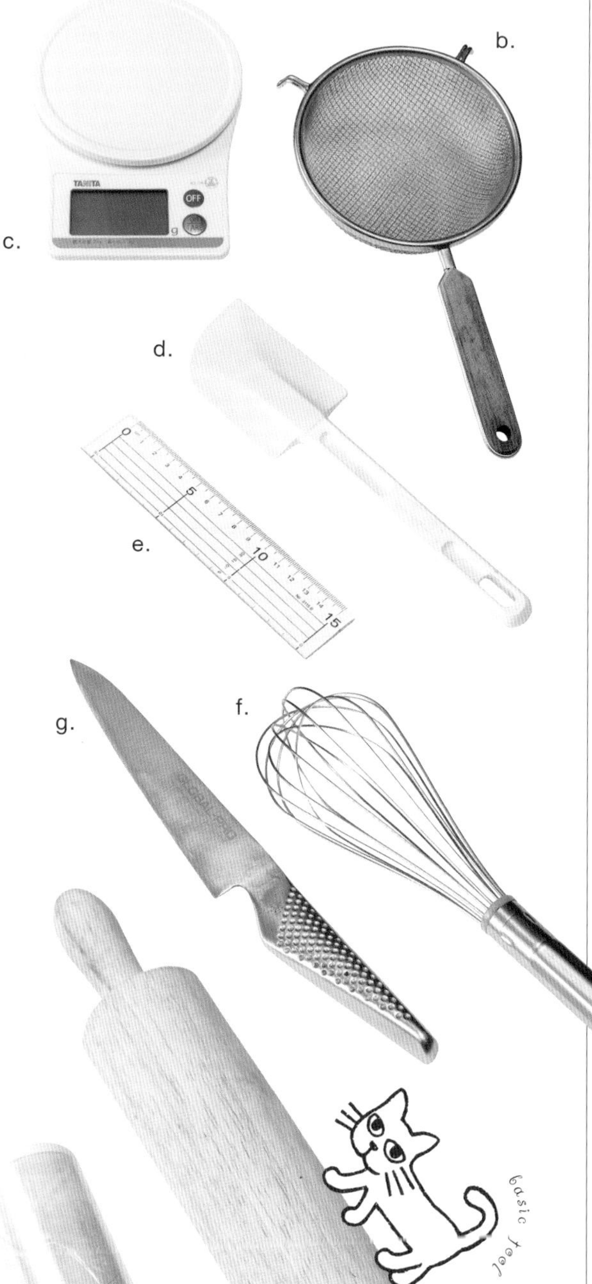

基本材料

以下为本书中使用的基本材料。
从甄选材料的环节开始细心打磨，
会令饼干的完成效果大不一样。

a. 低筋面粉

使用最适合制作甜点的市售低筋面粉。
开封后要注意放在阴凉干燥的地方保存。

b. 杏仁粉

给饼干增加芳香。属于生粉，
要放在冰箱里保存，并且尽快用完。

c. 糖粉

容易与面团融合，所以推荐用于甜点制作。
特点是口感柔滑，甜度佳。

d. 盐

在面团里加少量盐可以提味。本书中使用的是天然盐。

e. 黄油

使用无盐黄油。用之前要先放在常温下回软。

f. 鸡蛋

选择中号鸡蛋。打鸡蛋时去掉鸡蛋系带后再和面团混合。

g. 蔬菜粉、水果粉

本书中制作有色面团时，使用的是天然的蔬菜粉和水果粉。

a.

b.

c.

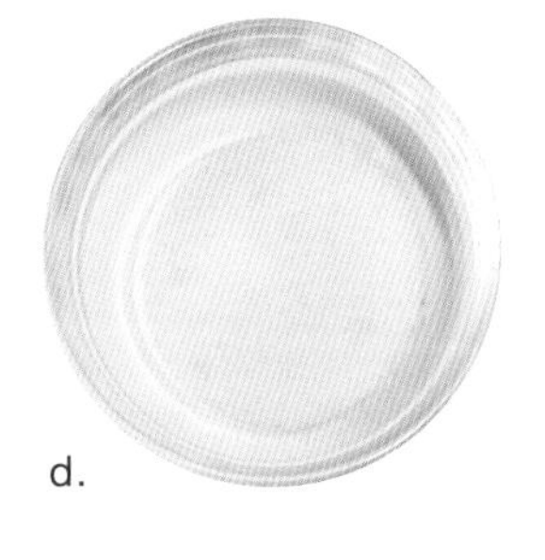

d.

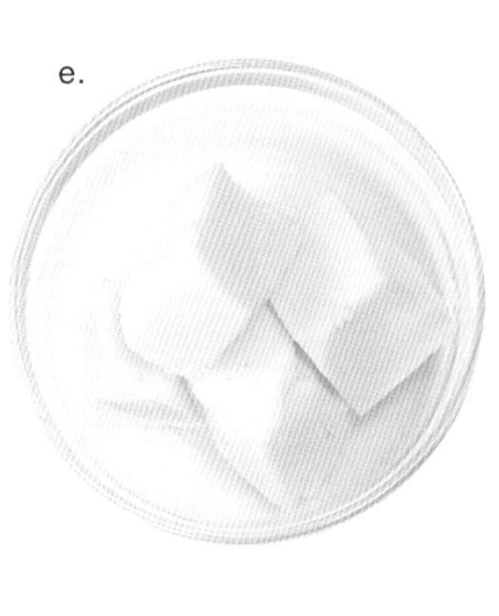

e.

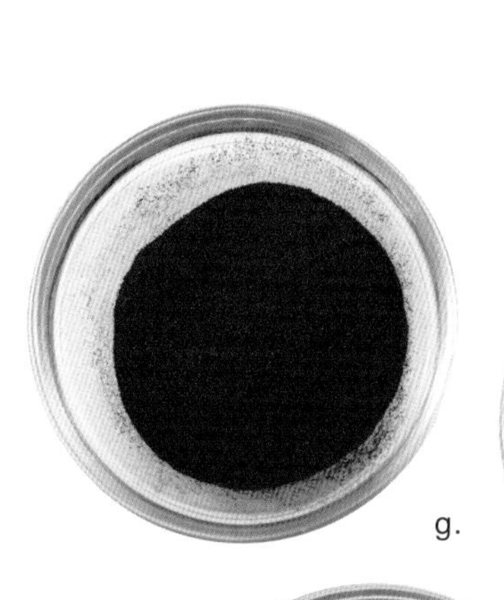

g.

f.

基础面团的做法

下面介绍3种基础面团的做法。根据黄油面团的状态加入蔬菜粉或水果粉，可以做成有颜色的面团。

制作黄油面团

没有加低筋面粉和杏仁粉的面团。本书介绍的全部饼干配方中使用的都是这种面团。

◎ 准备无盐黄油、糖粉、全蛋、盐。

将无盐黄油室温下回软，用硅胶刮刀搅拌至顺滑状态。

糖粉过筛，去掉粉块后分几次倒入黄油中，用打蛋器慢慢搅拌，避免溅出。

搅拌至肉眼看不见糖粉为止，混合完成的黄油颜色发白，质地柔软。

倒入提前打好的鸡蛋，用打蛋器搅拌至看不见鸡蛋。加盐继续搅拌。

图为鸡蛋完全打散至顺滑的状态。到这一步，饼干的基础——黄油面团就完成了。

制作原味面团

在黄油面团中加入低筋面粉、杏仁粉就是原味面团。

◎ 完成“制作黄油面团”的5个步骤。

◎ 准备低筋面粉、杏仁粉。

与黄油面团混合，加入一半过筛的低筋面粉和杏仁粉，以切拌的手法搅拌均匀。

搅拌至一定程度后，将面团从盆底向上舀起，上下翻拌，彻底拌匀。

如图所示，将面团搅拌至粉块消失。

将剩余粉类加入*3*中，再用刮刀切拌，接着按照*2*的方法搅拌混合。

搅拌完毕的状态。原味的饼干面团完成了。

制作彩色面团

制作彩色面团的时候，需要在做基础面团的过程中加入其他粉。下面以紫薯粉为例介绍做法。

◎完成“制作黄油面团”的5个步骤。

◎准备低筋面粉、杏仁粉、紫薯粉。

准备低筋面粉、杏仁粉、紫薯粉，一起过筛。

向黄油面团中加入*1*，用硅胶刮刀切拌。

中途加入少量柠檬汁（分量外），可以令口感更新鲜（仅适用于紫薯粉）。

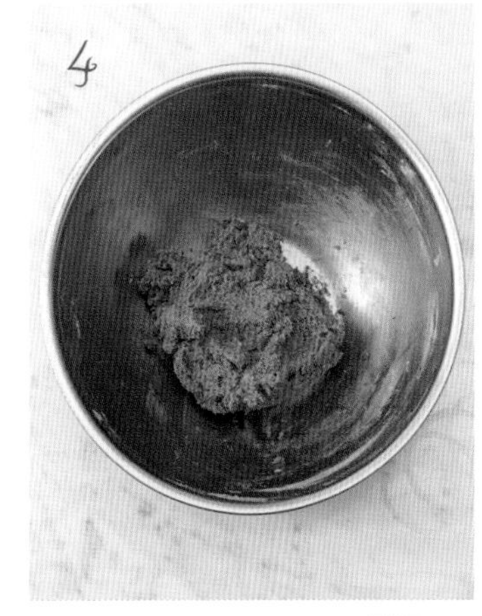

耐心搅拌至粉块消失，彩色面团就完成了。

将面团分成每块100克的小块，用保鲜膜包好，放进冰箱冷冻室保存，方便后面的操作。

彩色面团的种类

本书使用蔬菜、水果等天然食材磨成的粉制作彩色面团。可以参考各种粉的颜色变化，制作美丽的图案。

颜色	粉末	烘烤前	烘烤后
原味	也可以通过调整粉的用量调节浓度。	呈接近白色的奶油色。	易烤成焦黄色。
黑可可 ★	与少量可可粉混合，增加可可味。	纯黑的面团色。面团容易变软。	焦黄色不明显。
黑芝麻碎	如果黑芝麻颗粒较大，可以磨一下再用。	加入少量黑芝麻酱后更易显色。	易烤成焦黄色。
紫薯粉 ★	与酸反应呈紫红色，与碱反应呈蓝紫色，混合时需要注意。	加入少量柠檬汁，颜色更鲜艳。	比烘烤前颜色浅。
可可 ★	使用不含糖的可可。	因为面团容易变软，所以要在凉的状态下操作。	焦黄色不明显。

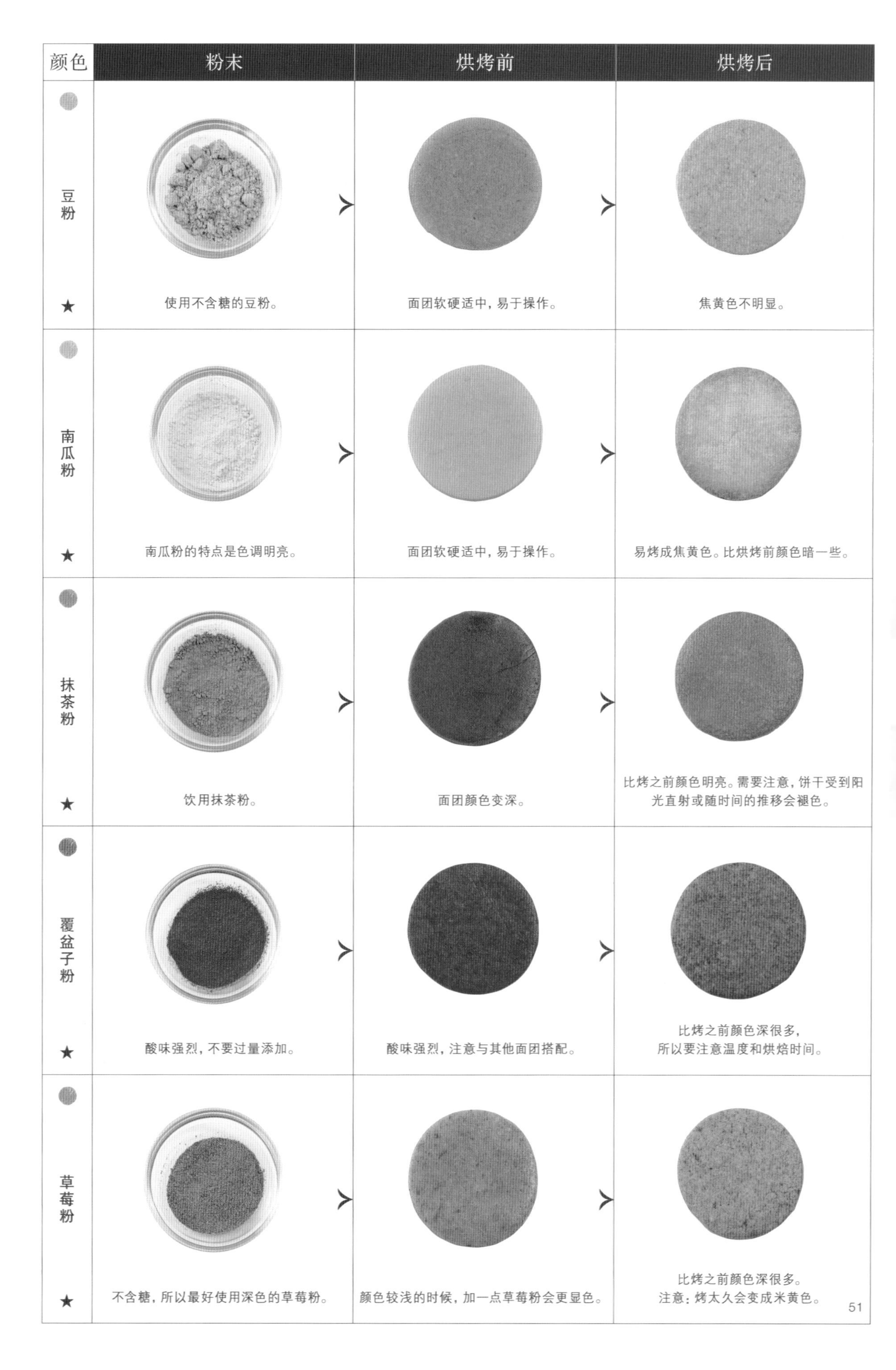

颜色	粉末	烘烤前	烘烤后
豆粉 ★	使用不含糖的豆粉。	面团软硬适中，易于操作。	焦黄色不明显。
南瓜粉 ★	南瓜粉的特点是色调明亮。	面团软硬适中，易于操作。	易烤成焦黄色。比烘烤前颜色暗一些。
抹茶粉 ★	饮用抹茶粉。	面团颜色变深。	比烤之前颜色明亮。需要注意，饼干受到阳光直射或随时间的推移会褪色。
覆盆子粉 ★	酸味强烈，不要过量添加。	酸味强烈，注意与其他面团搭配。	比烤之前颜色深很多，所以要注意温度和烘焙时间。
草莓粉 ★	不含糖，所以最好使用深色的草莓粉。	颜色较浅的时候，加一点草莓粉会更显色。	比烤之前颜色深很多。注意：烤太久会变成米黄色。

基本部件的做法

下面介绍制作小动物饼干时不可缺少的基本部件的做法。掌握这些基本方法，再加以变化就能做出属于自己的创意图案。

面皮

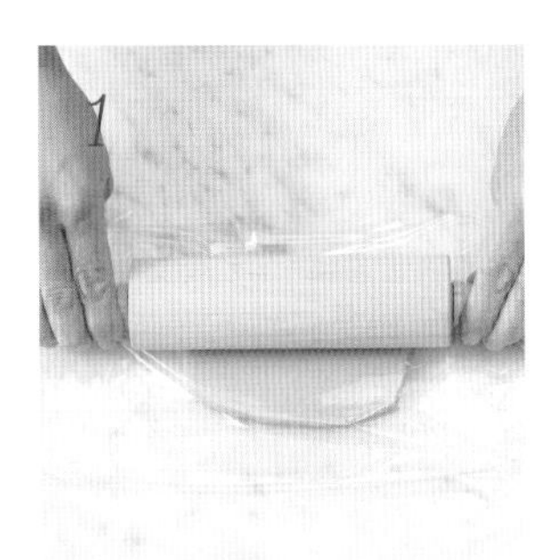

用两张保鲜膜夹住面皮，再用擀面杖擀平。

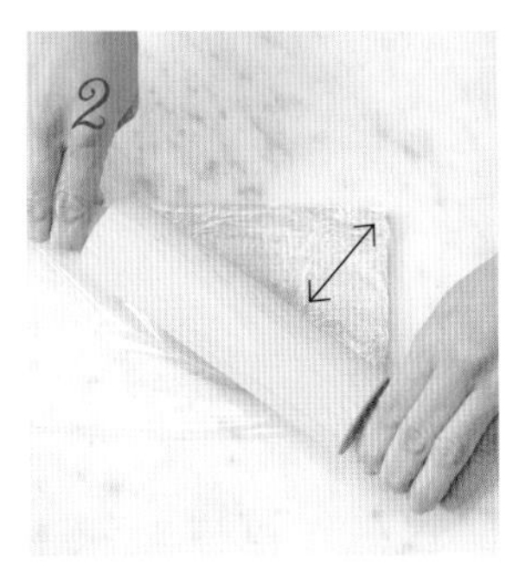

面皮擀到一定大小后，将其中一面的保鲜膜折成直角，沿着直角的垂直方向滚动擀面杖。

另一面的角也和第 *2* 步同样处理。此时根据所需部件的大小折叠保鲜膜。

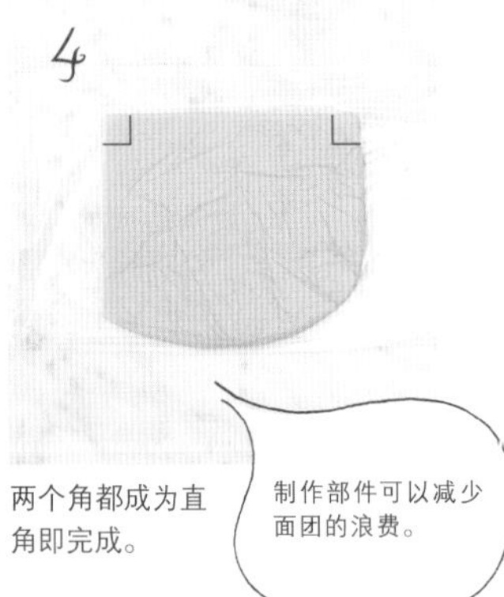

两个角都成为直角即完成。

鼻子（三棱柱）

用手将面团滚成圆柱形，再用保鲜膜包起来。

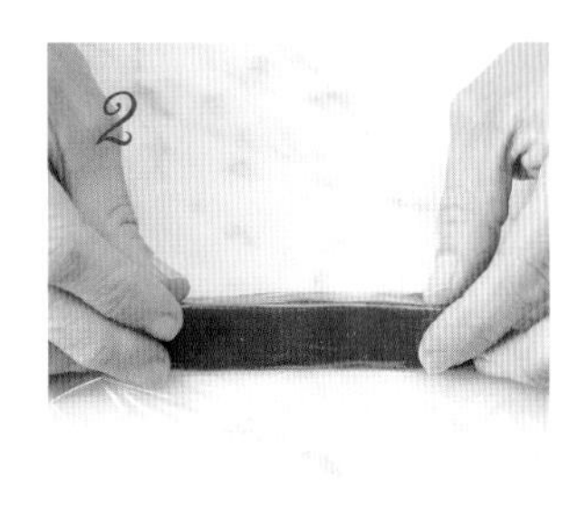

用食指和拇指将面团捏成三棱柱。

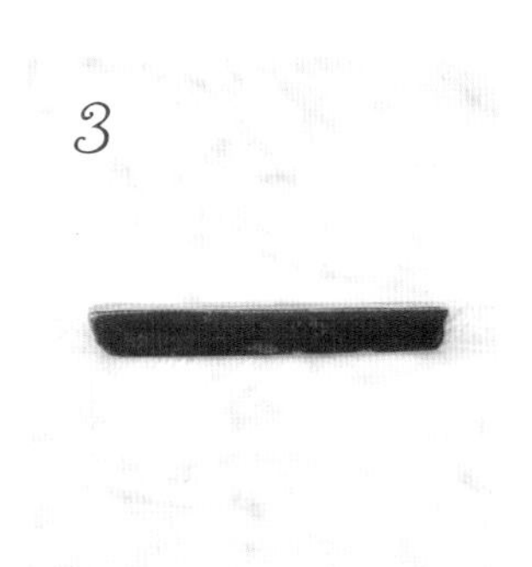

整理形状，使3个角在同一直线上。

完成。放在冰箱冷冻室保存，想吃的时候再拿出来，这样可以防止变形。

耳朵

将三棱柱放在面皮上，侧边留出0.2厘米的距离。

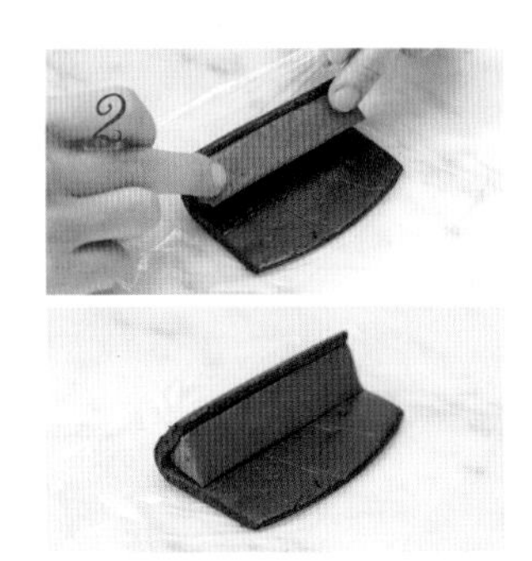

拉起保鲜膜，将 *1* 卷起来。此时卷的动作要慢。

保留0.2厘米的富余，其余部分用小刀切去，再用保鲜膜包成三棱柱。

完成。放在冰箱冷冻室保存，想吃的时候再拿出来，这样可以防止变形。

*不同图案的部件，各部分分量均有差异。

眼睛

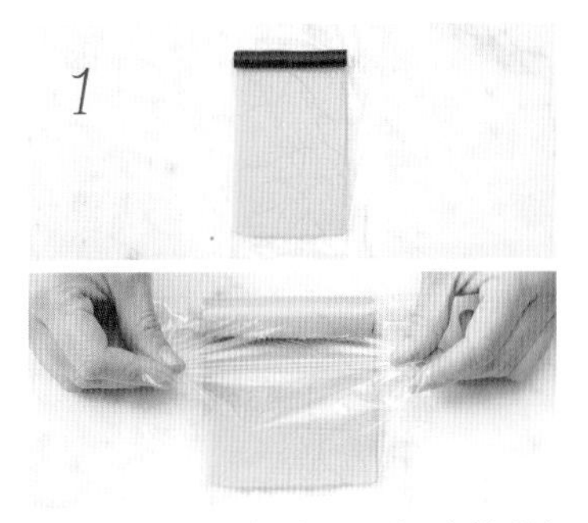

将面皮的上部卷成圆柱形，盖上保鲜膜继续卷。

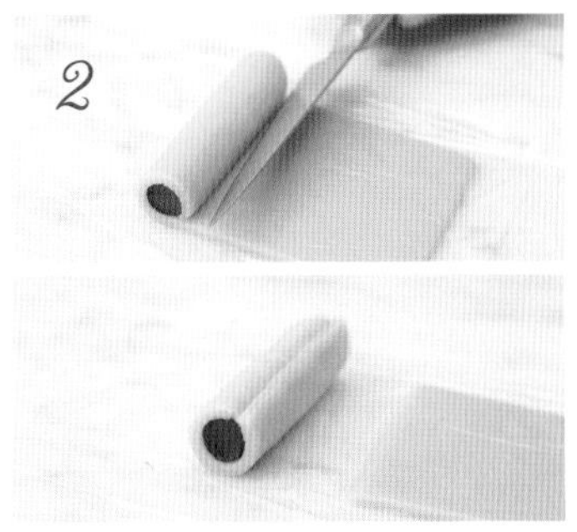

用小刀切掉多余部分。此时斜着下刀，可以减少连接部分凹凸不平的情况。

用保鲜膜包起来，一边卷一边整理成圆柱形。

整理至连接部分的凹凸不再明显即可。将面团放进冰箱冷冻室保存，有需要时再拿出，这样可以防止变形。

嘴巴

＊以下为适用于小猫饼干（第14～15页）的尺寸。

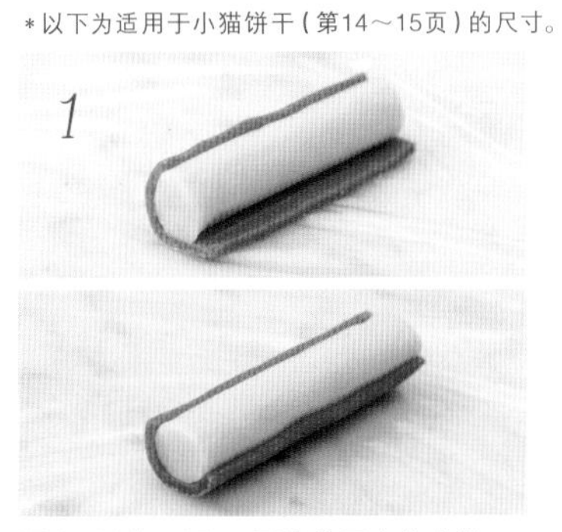

用宽4厘米、厚0.2厘米的面皮将直径1.5厘米的圆柱卷起来。

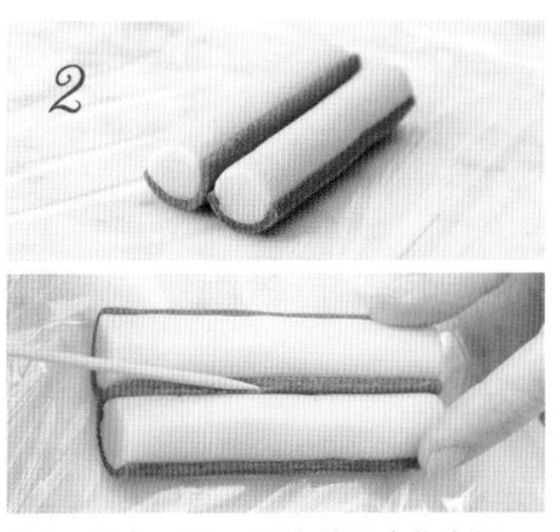

用宽3厘米、厚0.2厘米的面皮将直径1.5厘米的圆柱卷起来，和 *1* 放在一起，用牙签将连结部分压实。

将边长1.5厘米的三棱柱放在 *2* 的上面。

用牙签将 *3* 的连接部分压实。

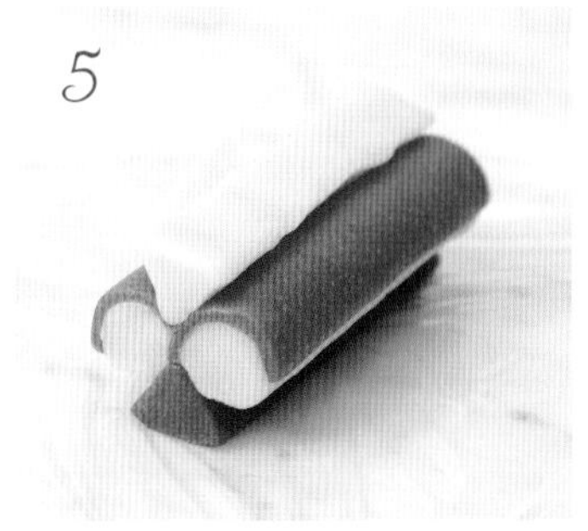

将 *4* 倒过来，再做1个边长为1.5厘米的三棱柱放在上面。

用保鲜膜包住 *5*，用手将缝隙压实。

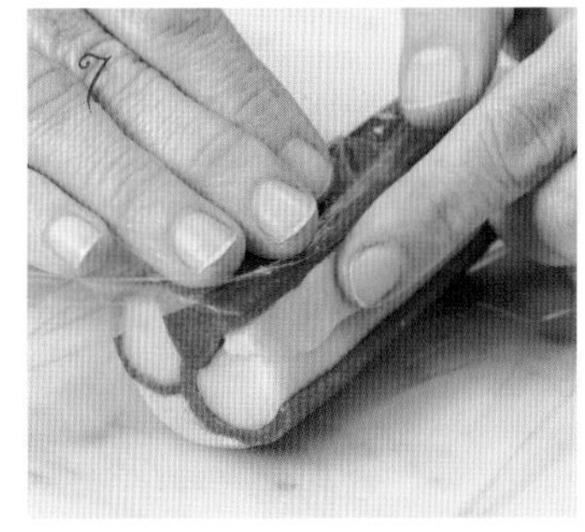

将 *6* 倒过来，将边长1.5厘米的三棱柱插入鼻子两边的缝隙中压实。

用保鲜膜包住 *7*，整理形状后即可完成。放进冰箱冷冻室保存，有需要时再拿出，这样可以防止变形。

各图案的做法

01

小猫

材料

★黄油面团（成品约265克）

无盐黄油	132克
糖粉	100克
全蛋	35克
盐	3小撮

●黑色、黑可可味（成品约220克）

★黄油面团	110克
♥低筋面粉	77克
杏仁粉	17克
黑可可粉	11克
可可粉	6克

●白色、原味（成品约210克）

★黄油面团	105克
♥低筋面粉	86克
杏仁粉	19克

●紫色、紫薯味（成品约70克）

★黄油面团	35克
♥低筋面粉	25克
杏仁粉	5克
紫薯粉	5克

●黄色、南瓜味（成品约30克）

★黄油面团	15克
♥低筋面粉	11克
杏仁粉	2克
南瓜粉	2克

※由于每个人力道大小不同，做出部件的尺寸有所差异，所以配方分量比实际用量略多。

做法

1 用★的材料做成黄油面团（做法参照第48页）。

2 加入♥的材料，做成四色面团。

制作基础部件

※长度均为8厘米。

耳朵
用宽4厘米、厚0.5厘米的黑可可面皮（常温）把边长1.5厘米的紫薯三棱柱（冷冻）卷起来，一共做2个。

眼睛
用宽5厘米、厚0.2厘米的南瓜面皮（常温）把直径1.2厘米的黑可可圆柱（冷冻）卷起来，一共做2个。

嘴巴
用宽4厘米、厚0.2厘米的紫薯面皮（常温）和宽3厘米、厚0.2厘米的紫薯面皮（常温）把2根直径1.5厘米的原味圆柱（冷冻）包起来，用边长1.5厘米的原味三棱柱（常温）把下巴部分填满。

鼻子
边长1.5厘米的紫薯三棱柱（冷冻）。

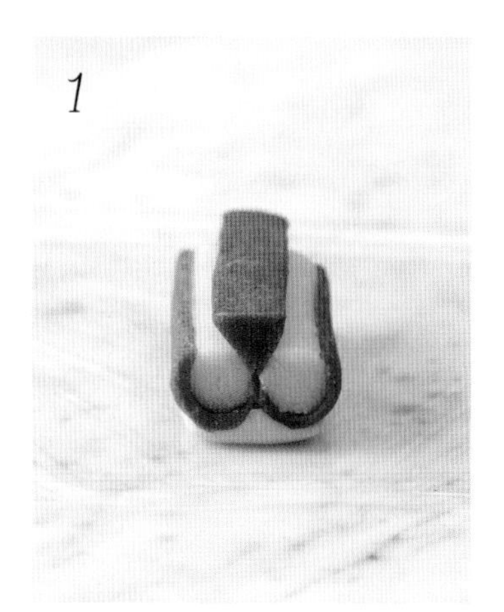

制作鼻子和嘴巴部件（做法参照第52～53页）。

⇒冷冻5分钟

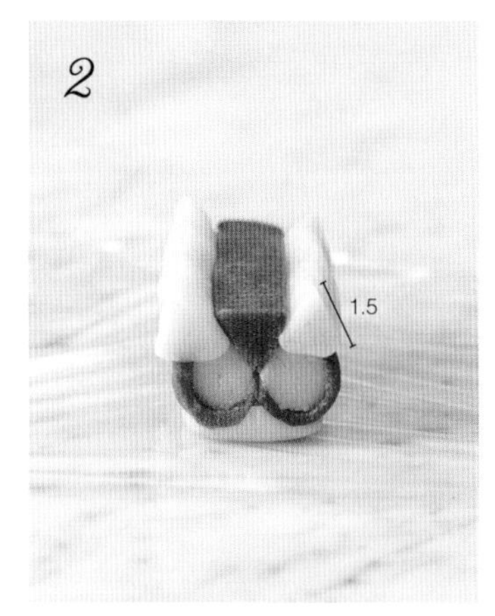

将2根边长1.5厘米的原味三棱柱（常温）分别插入1中的鼻子左右两侧，压实后填进空隙里。

⇒冷冻5分钟

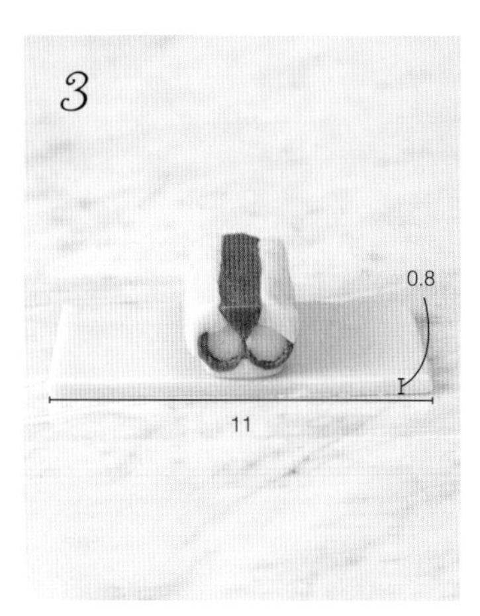

把2放在宽11厘米、厚0.2厘米的原味面皮（常温）上。

4

用3的面皮把2中的部件包起来，向外翻折鼻子两侧并压实。

把边长2厘米的原味三棱柱（常温）放在*4*上，压实。

⇒冷冻15～20分钟

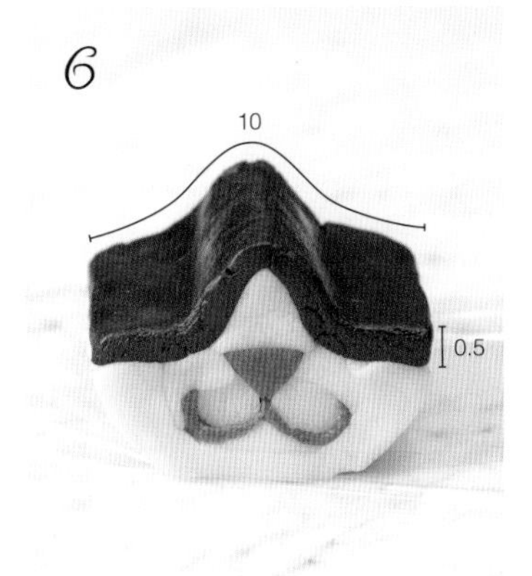

把宽10厘米、厚0.5厘米的黑可可面皮（常温）放在*5*上，压实。

把2根眼睛部件（做法参照第53页）放在*6*上。

将2根边长1.5厘米的黑可可三棱柱（常温）在眼睛两侧各放1根，压实后填入空隙。

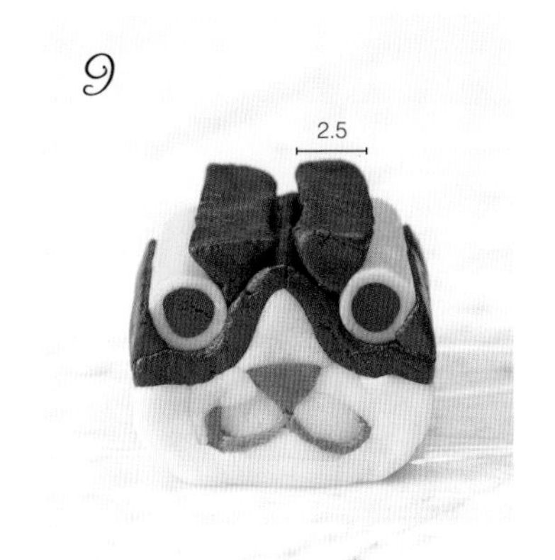

把2根边长2.5厘米的黑可可三棱柱（常温）放在眼睛上方，压实并填入空隙，尽量覆盖眼睛。

10

用*8*的三棱柱和*9*的三棱柱完全覆盖眼睛。

⇒冷冻15～20分钟

完成

制作耳朵部件（做法参照第52页），放在*10*上，压实即可。

⇒冷冻30分钟以上

切成0.7～0.8厘米厚的片，用牙签画出胡须，烤箱预热至170℃，烤15分钟左右，再调到160℃，继续烤5～8分钟。

小鱼

灵活利用剩余的面团，尝试制作小猫饼干的绝佳搭档——小鱼饼干吧！依照图案使面团成形即可。

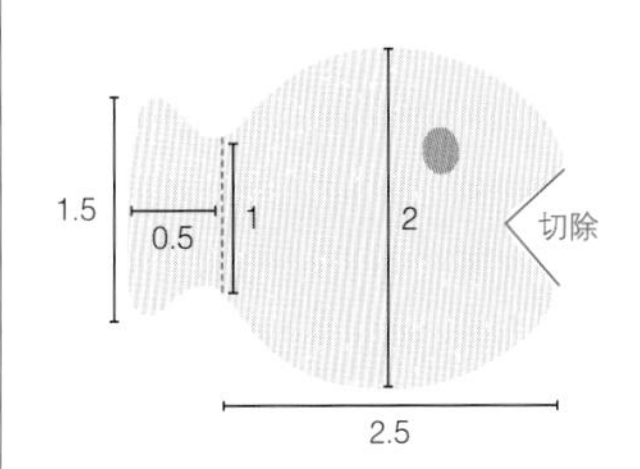

材料（成品约70克）

※重新做面团的情况下。

无盐黄油…………………… 17克
糖粉…………………………… 13克
全蛋……………………………… 5克
盐……………………………… 1小撮
低筋面粉…………………… 29克
杏仁粉…………………………… 6克

做法

1. 把宽2.5厘米、高2厘米的原味椭圆柱（常温）和底边1.5厘米、上边1厘米、高0.5厘米的原味梯形面团（常温）组合在一起。
2. 一边整形一边压实。

   ⇒冷冻30分钟
3. 切成0.7～0.8厘米厚的片，用牙签画出眼睛，用小刀切去嘴的部分。
4. 烤箱预热至170℃，烤15分钟左右。

   ※也可以把剩余的面团擀成片，制作模型饼干。

02

童花头娃娃

材料

★黄油面团（成品约285克）

无盐黄油	143克
糖粉	108克
全蛋	37克
盐	3小撮

●米黄色、豆粉味（成品约215克）

★黄油面团	108克
♥低筋面粉	77克
杏仁粉	15克
豆粉	15克

●黑色、黑可可味（成品约190克）

★黄油面团	95克
♥低筋面粉	67克
杏仁粉	14克
黑可可粉	10克
可可粉	5克

●绿色、抹茶味（成品约140克）

★黄油面团	70克
♥低筋面粉	52克
杏仁粉	10克
抹茶粉	8克

●紫色、紫薯味（成品约20克）

★黄油面团	10克
♥低筋面粉	7克
杏仁粉	2克
紫薯粉	2克

※由于每个人力道大小不同，做出部件的尺寸有所差异，所以配方分量比实际用量略多。

做法

1 用★的材料做黄油面团（做法参照第48页）。

2 加入♥的材料，做成四色面团。

制作基本部件

※长度均为8厘米。

鼻子
边长0.8厘米的黑可可三棱柱（冷冻）。

眼睛
2根直径0.8厘米的黑可可圆柱（冷冻）。

嘴巴
以宽6厘米、厚0.2厘米的紫薯面皮（冷冻）卷宽3厘米、高1.5厘米的豆粉半圆柱（冷冻）而成的部件。

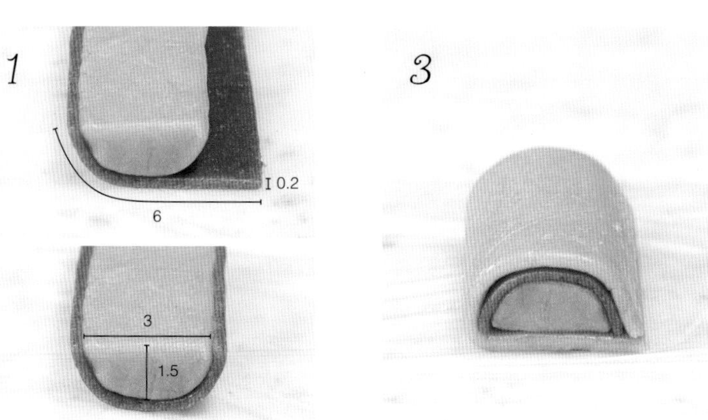

用宽6厘米、厚0.2厘米的紫薯面皮（常温）把宽3厘米、高1.5厘米的豆粉半圆柱（冷冻）卷起来。

⇒冷冻15分钟

用面皮将*2*卷1圈，压实。

2

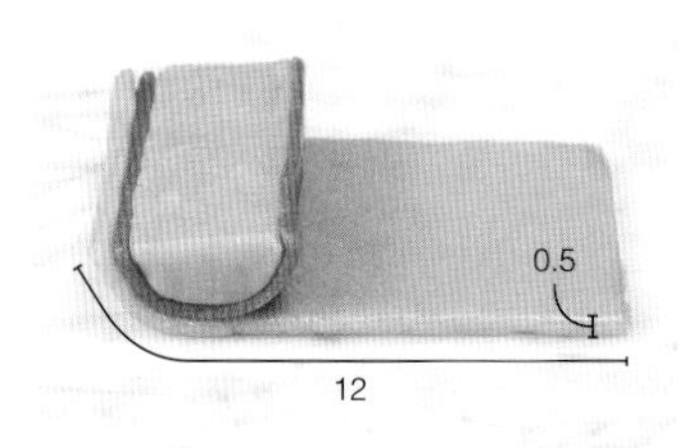

把宽12厘米、厚0.2厘米的豆粉面皮（常温）放在*1*上。

4

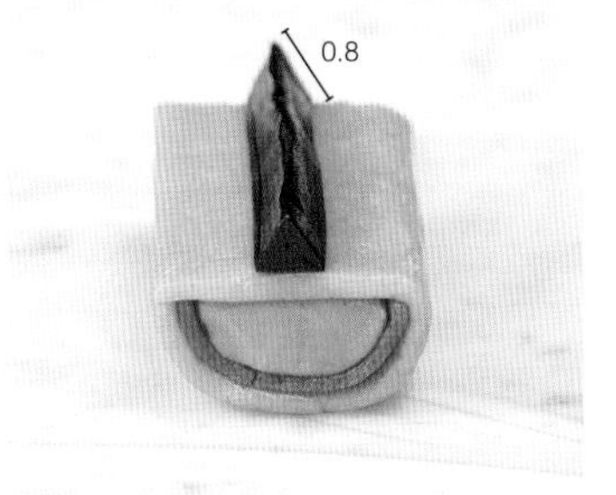

把边长0.8厘米的黑可可三棱柱（冷冻、做法参照第52页）放在*3*上。

⇒冷冻15分钟

5

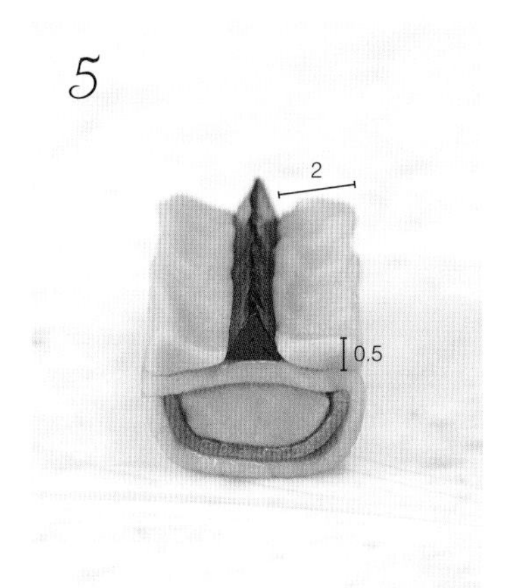

把2根宽2厘米、高0.5厘米的平板形豆粉面块放在*4*上，压实。

6

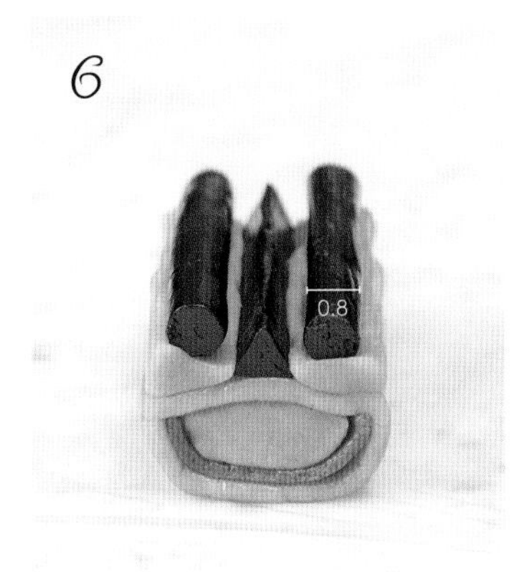

把直径0.8厘米的黑可可圆柱（冷冻）放在*5*上。

⇒冷冻15～20分钟

7

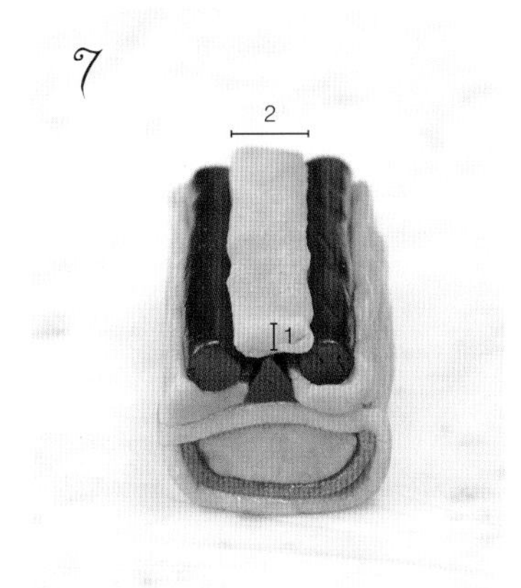

把宽2厘米、厚1厘米的平板形豆粉面块（常温）放在*6*上，压实。

8

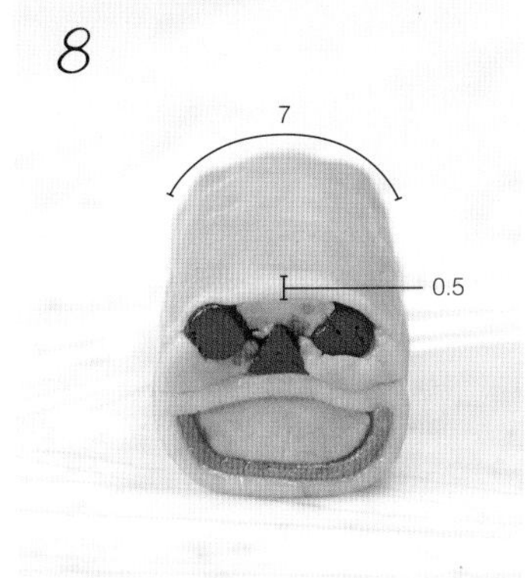

把宽7厘米、厚0.5厘米的豆粉面皮（常温）放在*7*上，压实。

⇒冷冻15～20分钟

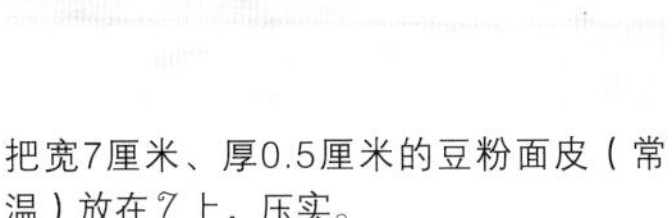

9

做1块宽6厘米、高2厘米的黑可可鱼糕形面块（常温）。

10

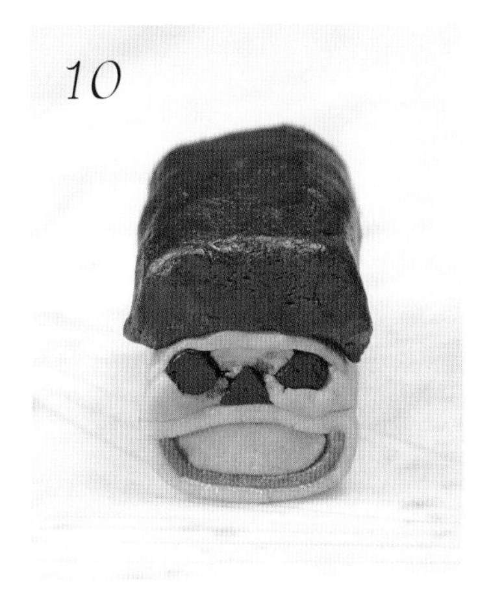

把*9*放在*8*上，压实。

11

做2根底边1厘米、上边0.5厘米、高1.5厘米的黑可可梯形面团（常温），粘在*10*的侧面，压实。

⇒冷冻15～20分钟

12

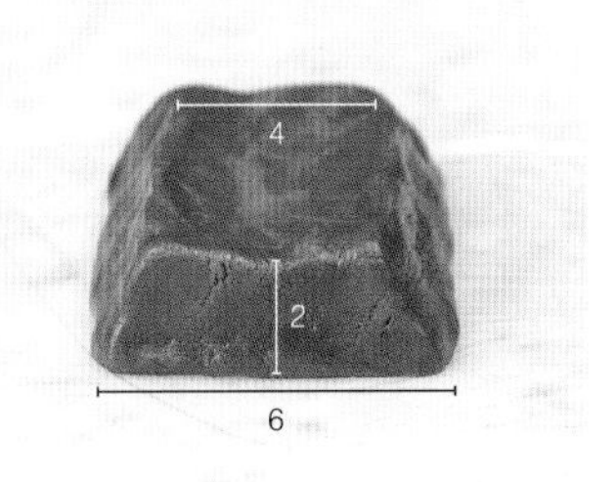

做1块底边6厘米、上边4厘米、高2厘米的抹茶梯形面团（常温），用手在上边压出平缓的小坑。

完成

把*11*放在*12*上，压实即可。

⇒冷冻30分钟以上

切成0.7～0.8厘米厚的片，烤箱预热至170℃，烤15分钟左右，再调到160℃，继续烤5～8分钟。

03

苹果

材料

★黄油面团（成品约265克）

无盐黄油	132克
糖粉	100克
全蛋	35克
香草油	适量
盐	3小撮

●白色、原味（成品约420克）

★黄油面团	210克
♥低筋面粉	172克
杏仁粉	38克

●红色、覆盆子味（成品约65克）

★黄油面团	33克
♥低筋面粉	24克
杏仁粉	5克
覆盆子粉	4克

●绿色、抹茶味（成品约20克）

★黄油面团	10克
♥低筋面粉	7克
杏仁粉	2克
抹茶粉	1克

●褐色、可可味（成品约20克）

★黄油面团	10克
♥低筋面粉	7克
杏仁粉	2克
可可粉	2克

※由于每个人力道大小不同，做出部件的尺寸有所差异，所以配方分量比实际用量略多。

做法

1 用★的材料做成黄油面团（做法参照第48页）。

2 加入♥的材料，做成四色面团。

制作基本部件

※长度均为8厘米。

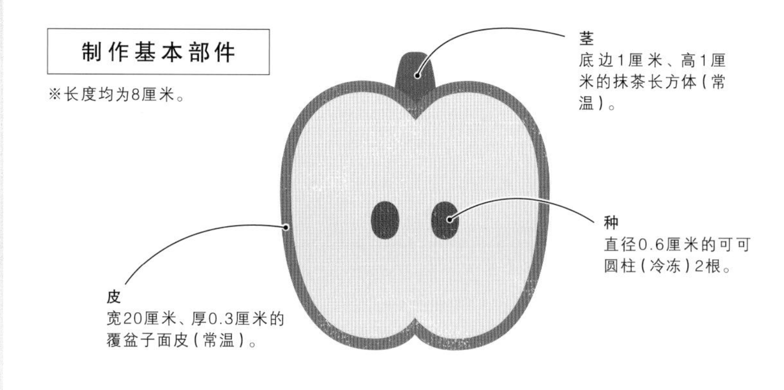

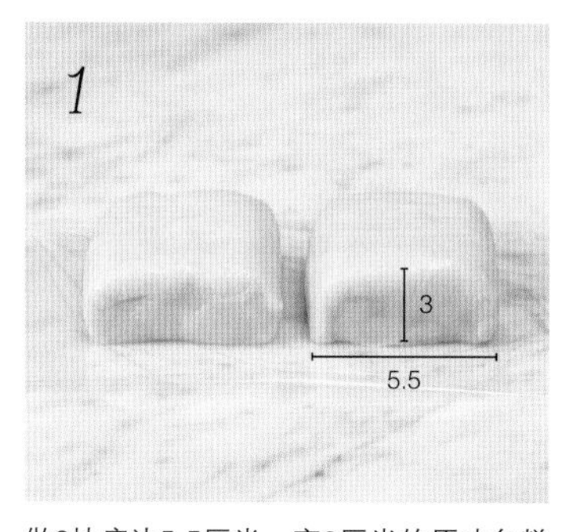

做2块底边5.5厘米、高3厘米的原味鱼糕形面块（常温）。

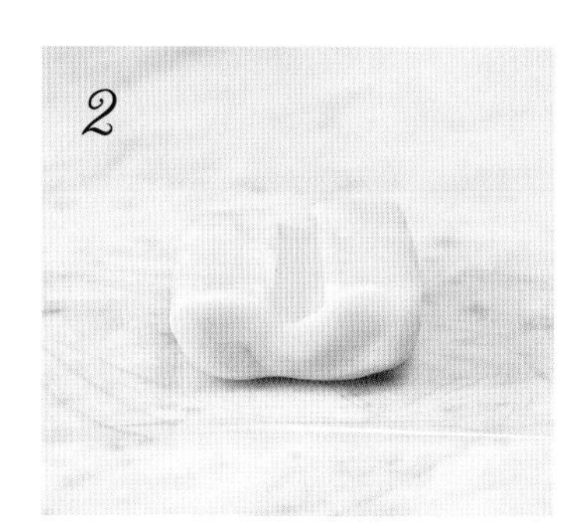

用筷子等工具在 *1* 的底边中心压1个不到1厘米深的小坑。另1块也同样处理。

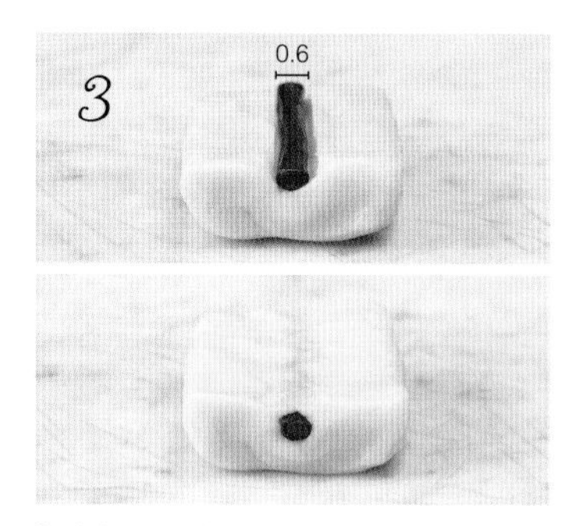

把直径0.6厘米的可可圆柱（冷冻）放在 *2* 上，用手指压实，填满空隙。另1根同样处理。

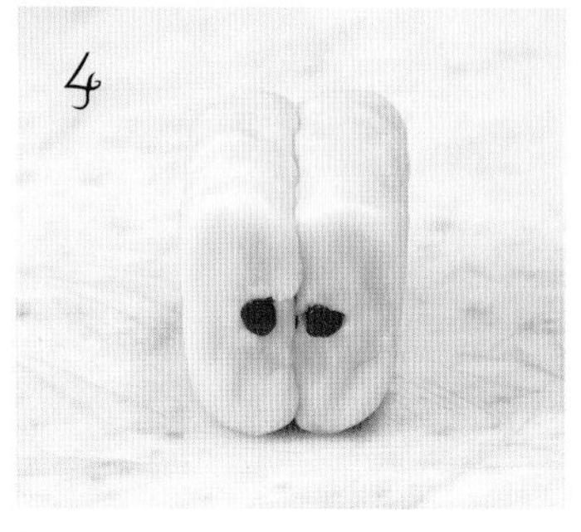

把 *3* 的2块面团对齐压实。

⇒冷冻15～20分钟

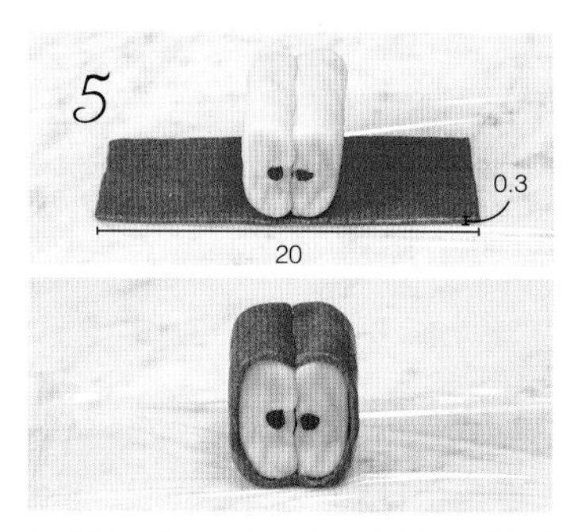

把 *4* 放在宽20厘米、厚0.3厘米的覆盆子面皮（常温）上，用面皮卷1圈，压实。

完成

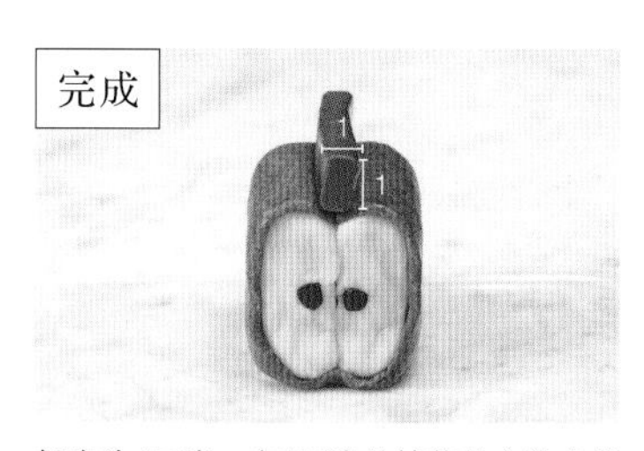

把底边1厘米、高1厘米的抹茶长方体（常温）放在 *5* 上，压实完成。

⇒冷冻30分钟以上

切成0.7～0.8厘米厚的片，烤箱预热至170℃，烤15分钟左右，再调到160℃，继续烤5分钟。

04

鸭子

材料

★黄油面团（成品约165克）

无盐黄油	83克
糖粉	63克
全蛋	22克
盐	2小撮

●黄色、南瓜味（成品约225克）

★黄油面团	113克
♥低筋面粉	81克
杏仁粉	16克
南瓜粉	16克

●粉红色、草莓味（成品约60克）

★黄油面团	30克
♥低筋面粉	21克
杏仁粉	4克
草莓粉	5克

●黑色、黑可可味（成品约20克）

★黄油面团	10克
♥低筋面粉	7克
杏仁粉	2克
黑可可粉	2克

●白色、原味（成品约20克）

★黄油面团	10克
♥低筋面粉	8克
杏仁粉	2克

※由于每个人力道大小不同，做出的部件尺寸有所差异，所以配方分量比实际用量略多。

做法

1 用★的材料做成黄油面团（做法参照第48页）。

2 加入♥的材料，做成四色面团。

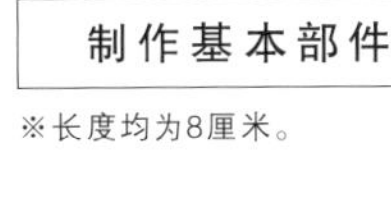

※长度均为8厘米。

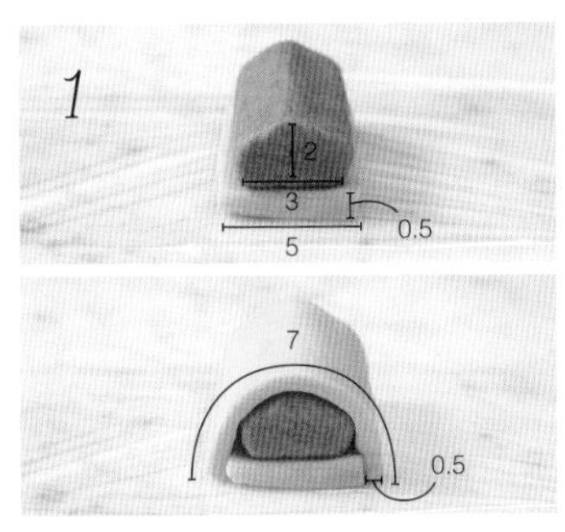

将如图的底边3厘米、高2厘米的草莓五边体（冷冻）放在宽5厘米、厚0.5厘米的南瓜面皮（冷冻）上，再放上宽7厘米、厚0.5厘米的南瓜面皮（常温），压实。

⇒冷冻15分钟

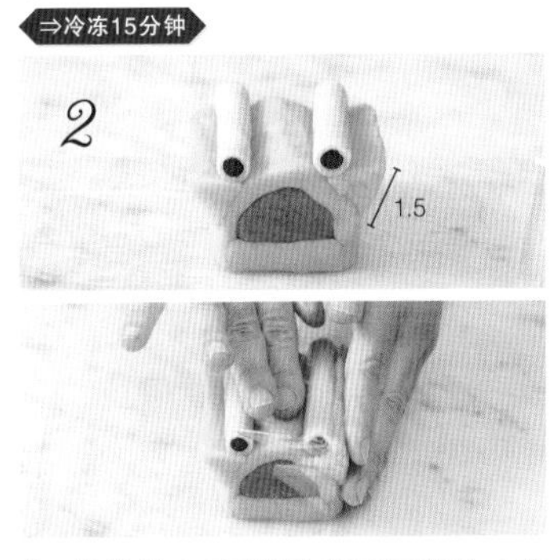

将2根边长1.5厘米的南瓜三棱柱（常温）、2根眼睛部件（做法参照第53页）放在*1*的上面。

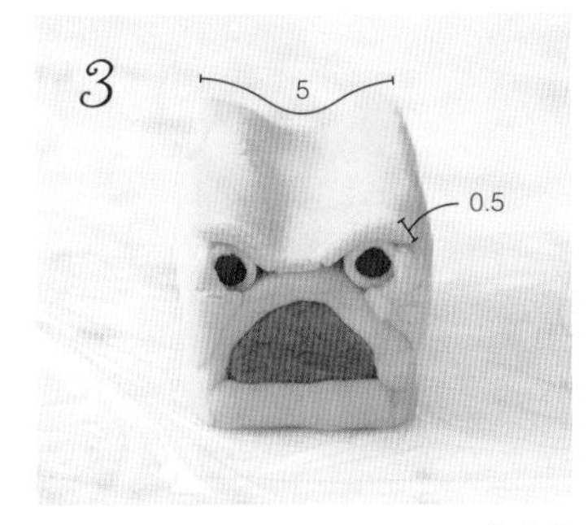

把宽5厘米、厚0.5厘米的南瓜面皮（常温）放在*2*上，压实。

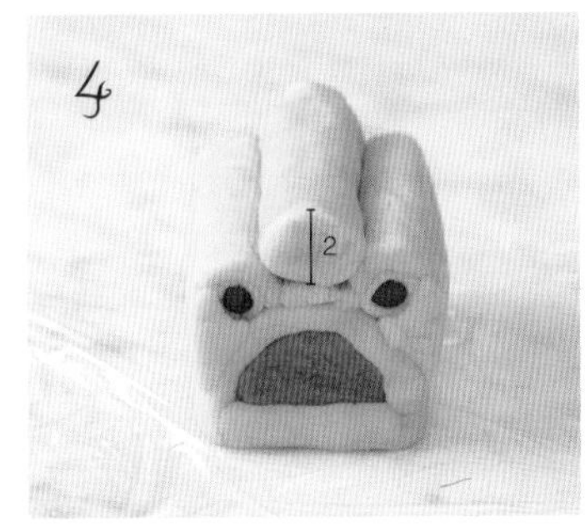

将1根直径2厘米的南瓜圆柱（常温）放在*3*上，压实。

⇒冷冻5分钟

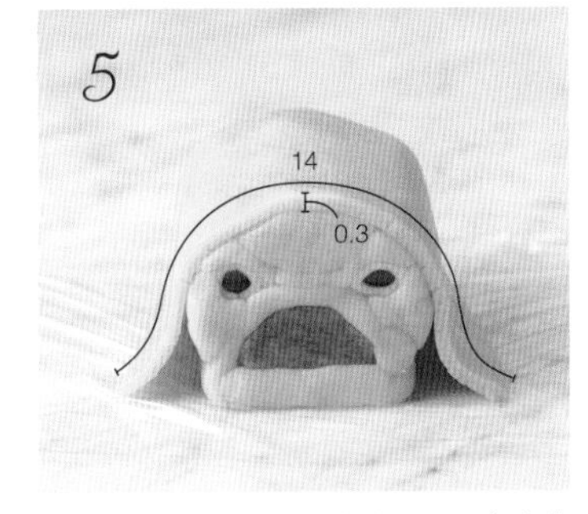

把宽14厘米、厚0.3厘米的南瓜面皮（常温）放在*4*上。

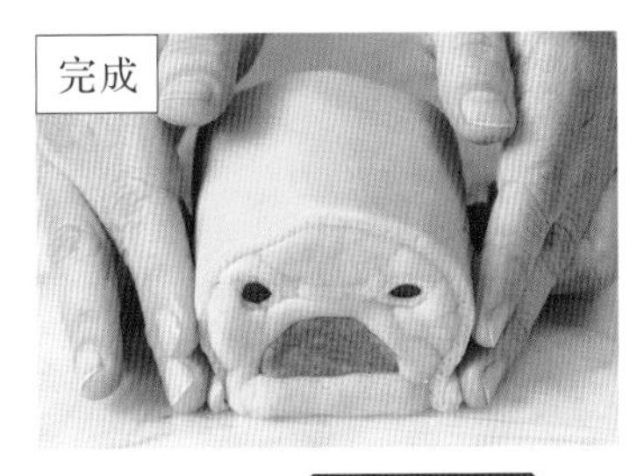

将*5*压实，完成。⇒冷冻30分钟以上

切成0.7～0.8厘米厚的片，烤箱预热至170℃，烤15分钟左右，再调到160℃，继续烤5分钟。

05

小狗

材料

★黄油面团（成品约265克）

无盐黄油	132克
糖粉	100克
全蛋	35克
盐	3小撮

白色、原味（成品约165克）

★黄油面团	83克
♥低筋面粉	68克
杏仁粉	15克

褐色、可可味（成品约140克）

★黄油面团	70克
♥低筋面粉	50克
杏仁粉	10克
可可粉	10克

米黄色、豆粉味（成品约135克）

★黄油面团	68克
♥低筋面粉	49克
杏仁粉	9克
豆粉	9克

黑色、黑可可味（成品约60克）

★黄油面团	30克
♥低筋面粉	22克
杏仁粉	4克
黑可可粉	3克
可可粉	2克

红色、覆盆子味（成品约25克）

★黄油面团	13克
♥低筋面粉	9克
杏仁粉	2克
覆盆子粉	2克

※由于每个人力道大小不同，做出部件的尺寸有所差异，所以配方分量比实际用量略多。

做法

1 用★的材料做成黄油面团（做法参照第48页）。

2 加入♥的材料，做成五色面团。

制作基本部件

※长度均为8厘米。

眼睛
用宽5厘米、厚0.2厘米的原味面皮（冷冻）卷直径1.2厘米的黑可可圆柱（冷冻）而成的部件2根。

耳朵
宽5.5厘米、厚1.5厘米的可可鱼糕形面块（常温）2根。

嘴巴
以宽4厘米、厚0.2厘米的黑可可面皮（常温）和宽3厘米、厚0.2厘米的黑可可面皮（常温）包住2根直径1.5厘米的原味圆柱（冷冻），用边长1.5厘米的原味三棱柱（常温）填入下巴部分做成的部件。

鼻子
边长1.5厘米的黑可可三棱柱（冷冻）。

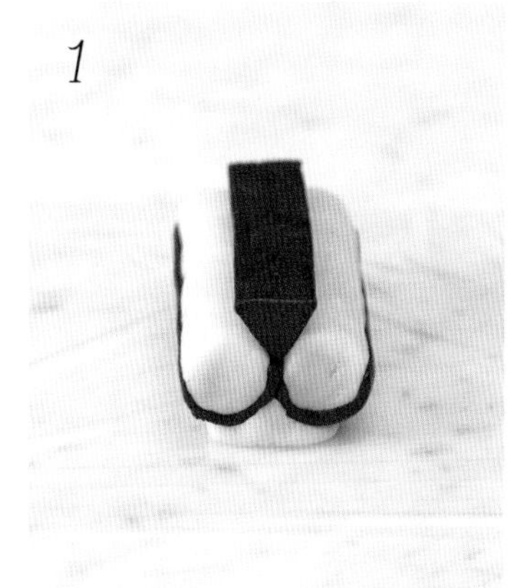

制作鼻子和嘴巴部件（做法参照第53页）。

⇒冷冻15～20分钟

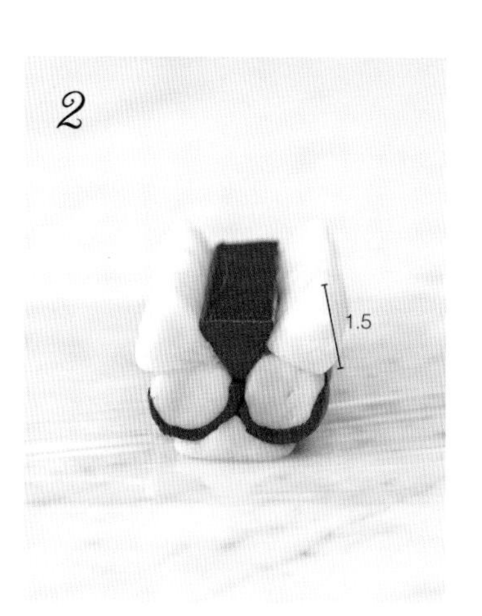

将2根边长1.5厘米的原味三棱柱（常温）在鼻子左右两边各插1根，压实后填满空隙。

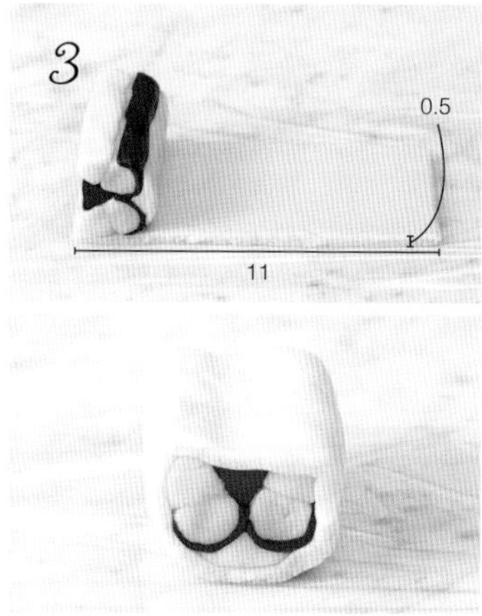

把2放在宽11厘米、厚0.5厘米的原味面皮（常温）上，卷1圈后压实。

⇒冷冻15～20分钟

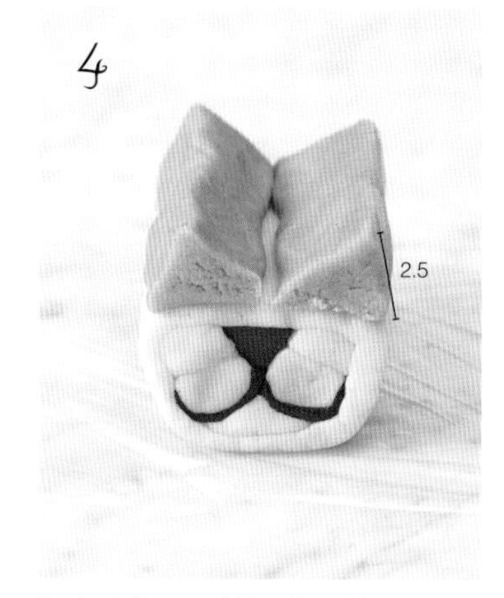

把2根边长2.5厘米的豆粉三棱柱（常温）放在3上。

把2根眼睛部件（做法参照第53页）放在边长2.5厘米的豆粉三棱柱（常温）上，填满空隙。

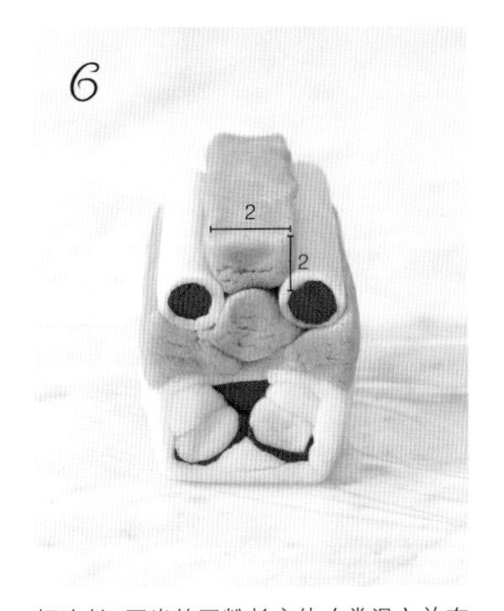

把边长2厘米的豆粉长方体（常温）放在*5*上。

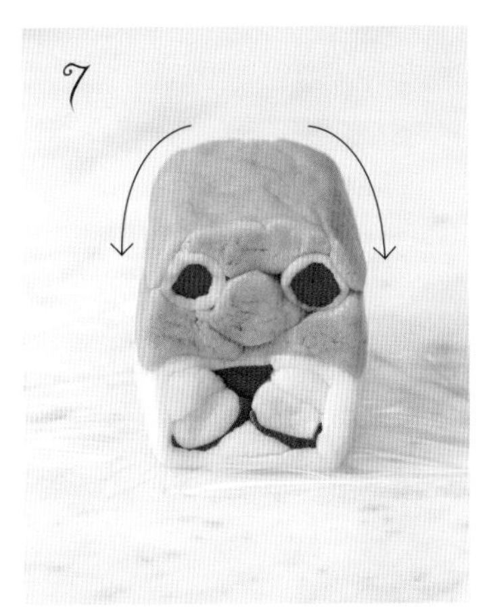

将*6*压实，覆盖眼睛，填满空隙。

⇒冷冻15～20分钟

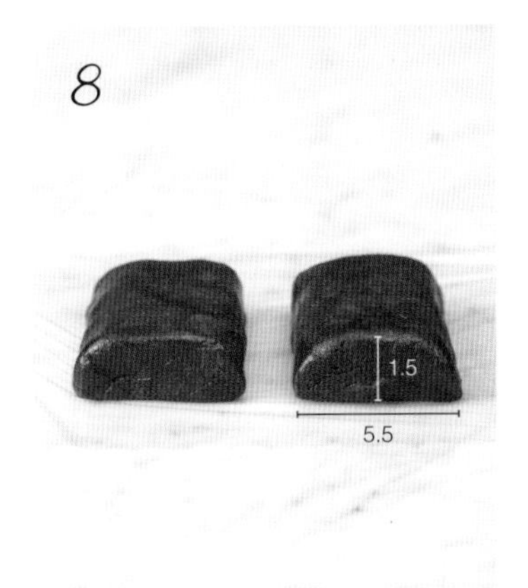

做2块宽5.5厘米、厚1.5厘米的可可鱼糕形面块（常温）。

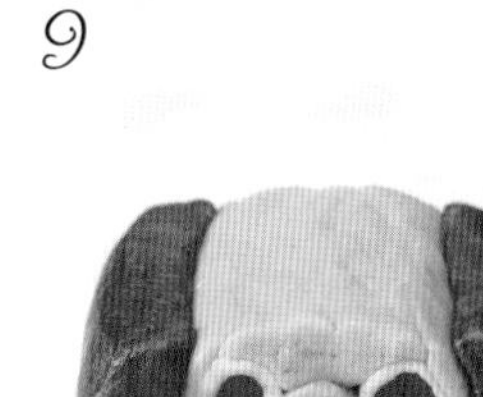

把*8*粘在*7*的侧面。耳朵容易脱落，所以要彻底压实。

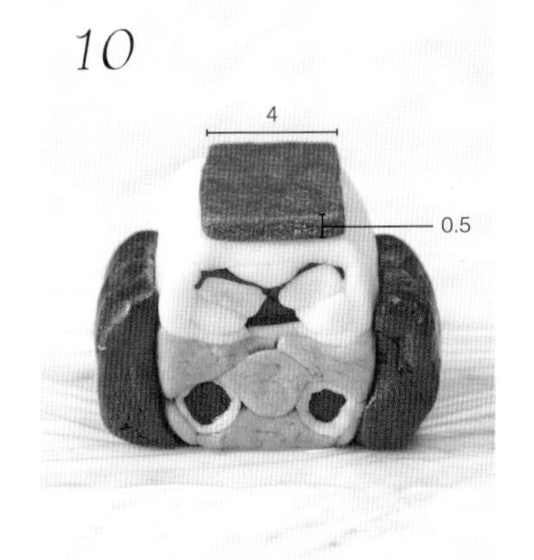

把宽4厘米、厚0.5厘米的覆盆子面皮（冷冻）放在倒置的*9*上。

将*10*倒置，压实即可。

⇒冷冻30分钟以上

切成0.7～0.8厘米厚的片，烤箱预热至170℃，烤15分钟左右，再调到160℃，继续烤5～8分钟。

骨头

可以用剩余的面团做骨头饼干。饼干的大小取决于面团的多少。和小狗饼干搭配在一起，增加一体感。

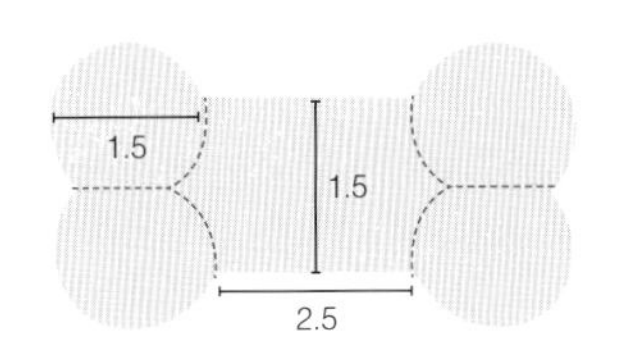

材料（成品约120克）

※重新做面团的情况下。

无盐黄油	30克
糖粉	23克
全蛋	8克
盐	1小撮
低筋面粉	25克
杏仁粉	5克

做法

1 把4根直径1.5厘米的原味圆柱（常温）和宽2.5厘米、高1.5厘米的原味长方体面团（常温）放在一起。

2 一边整形一边压实。

⇒冷冻30分钟

3 切成0.7～0.8厘米厚的片，烤箱预热至170℃，烤15分钟左右，再调到160℃，继续烤3分钟。

※也可以将多余的面团擀成皮，制作模型饼干。

06

小鸟

（鸡尾鹦鹉）

材料

★黄油面团（成品约200克）

无盐黄油	100克
糖粉	75克
全蛋	27克
盐	2小撮

●黄色、南瓜味（成品约280克）

★黄油面团	140克
♥低筋面粉	100克
杏仁粉	20克
南瓜粉	20克

●粉红色、草莓味（成品约50克）

★黄油面团	25克
♥低筋面粉	18克
杏仁粉	3克
草莓粉	5克

●红色、覆盆子味（成品约25克）

★黄油面团	13克
♥低筋面粉	9克
杏仁粉	2克
覆盆子粉	2克

●黑色、黑可可味（成品约20克）

★黄油面团	10克
♥低筋面粉	7克
杏仁粉	2克
黑可可粉	2克

●白色、原味（成品约20克）

★黄油面团	10克
♥低筋面粉	8克
杏仁粉	2克

※由于每个人力道大小不同，做出部件的尺寸有所差异，所以配方分量比实际用量略多。

做法

1 用★的材料做成黄油面团（做法参照第48页）。

2 加入♥的材料，做成五色面团。

制作基本部件

※长度均为8厘米。

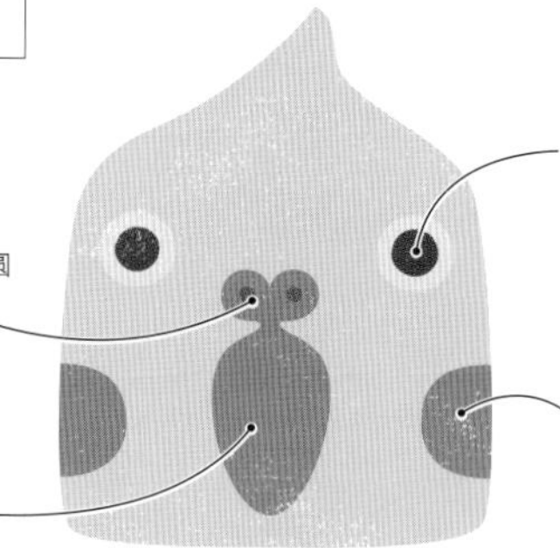

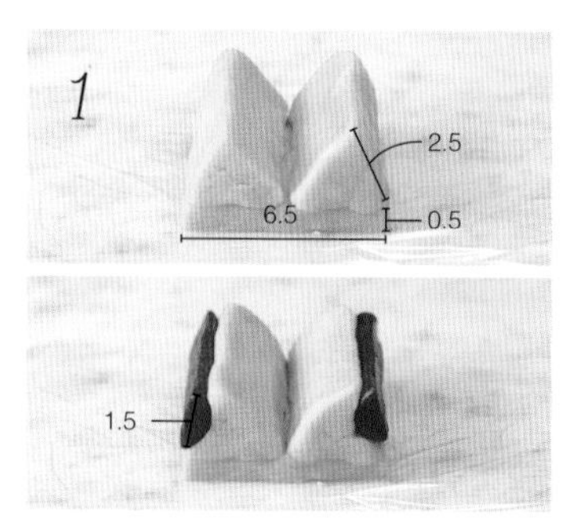

把边长2.5厘米的南瓜三棱柱放在宽6.5厘米、厚0.5厘米的南瓜面皮（冷冻）上，再把直径1.5厘米的覆盆子圆柱切成两半（冷冻），粘在两侧，压实后将其填进去。

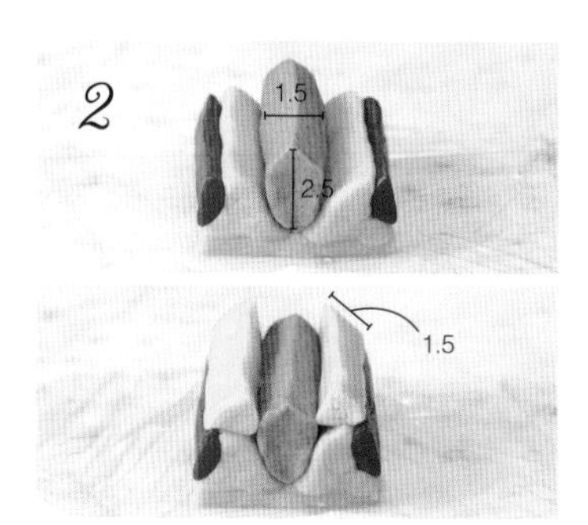

将宽1.5厘米、高2.5厘米的草莓子弹形面团（冷冻）放在上面，把2根边长1.5厘米的南瓜三棱柱（常温）安在侧面，压实。

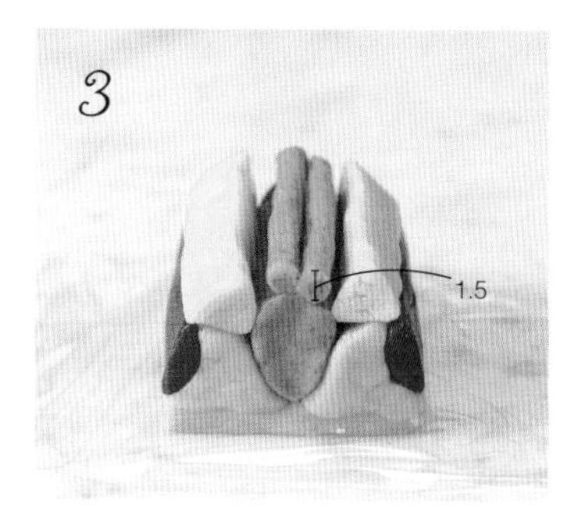

将2根直径1.5厘米的草莓圆柱（常温）放在3上。

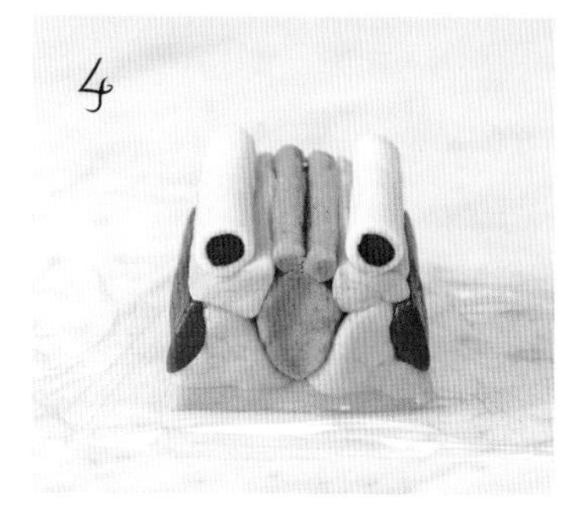

把2根眼睛部件（做法参照第53页）放在3上。

⇒冷冻15～20分钟

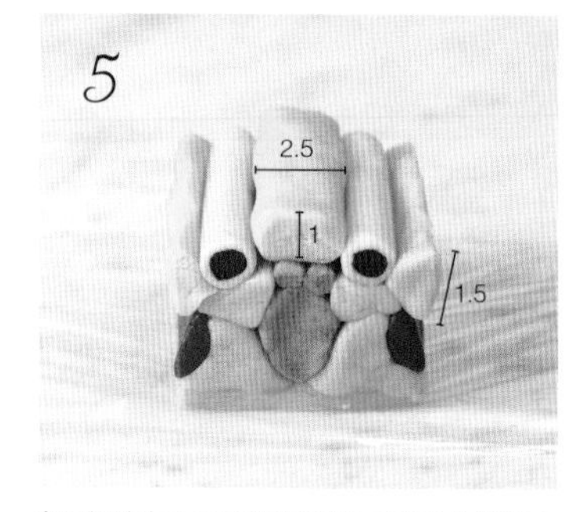

把2根边长1.5厘米的南瓜三棱柱（常温）放在眼睛旁边，把宽2.5厘米、高1厘米的南瓜长方体（常温）放在眼睛上面，压实。⇒冷冻15～20分钟

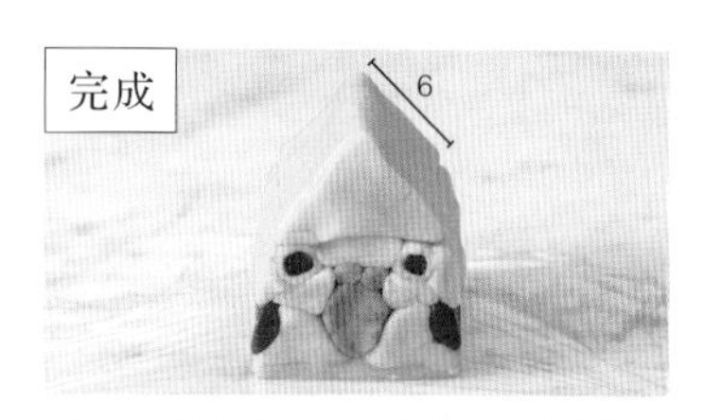

把边长6厘米的南瓜三棱柱（常温）放在5上，整理头的形状即可。

⇒ 冷冻30分钟

切成0.7～0.8厘米厚的片，烤箱预热至170℃，烤15分钟左右，再调到160℃，继续烤5分钟。

06

小鸟

（文鸟）

材料

★黄油面团（成品约185克）

无盐黄油	93克
糖粉	70克
全蛋	24克
盐	2小撮

●黑色、黑可可味（成品约230克）

★黄油面团	115克
♥低筋面粉	80克
杏仁粉	16克
黑可可粉	12克
可可粉	7克

●白色、原味（成品约60克）

★黄油面团	30克
♥低筋面粉	25克
杏仁粉	5克

●粉红色、草莓味（成品约55克）

★黄油面团	27克
♥低筋面粉	19克
杏仁粉	4克
草莓粉	5克

●红色、覆盆子味（成品约20克）

★黄油面团	10克
♥低筋面粉	7克
杏仁粉	2克
覆盆子粉	2克

※由于每个人力道大小不同，做出部件的尺寸有所差异，所以配方分量比实际用量略多。

做法

1 用★的材料做成黄油面团（做法参照第48页）。

2 加入♥的材料，做成四色面团。

制作基本部件

※长度均为8厘米。

眼睛
以宽3厘米、厚0.2厘米的草莓面皮（冷冻）卷直径0.5厘米的黑可可圆柱（冷冻）而成的部件2根。

喙
宽2.5厘米、高2厘米的草莓扇形面团（冷冻）。

1

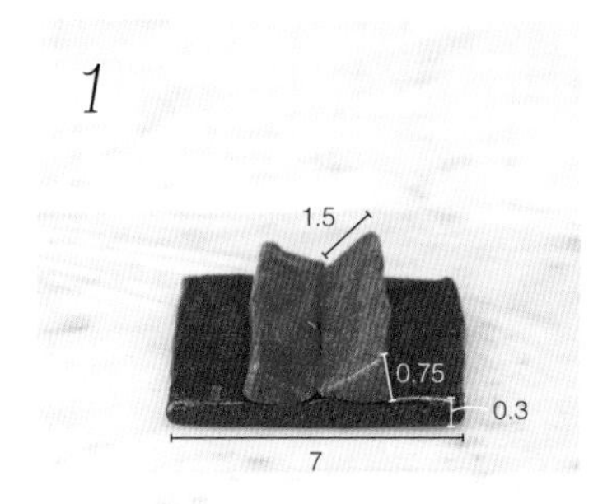

把边长1.5厘米的覆盆子三棱柱（常温）切成两半，放在宽7厘米、厚0.3厘米的黑可可面皮（冷冻）上。

2

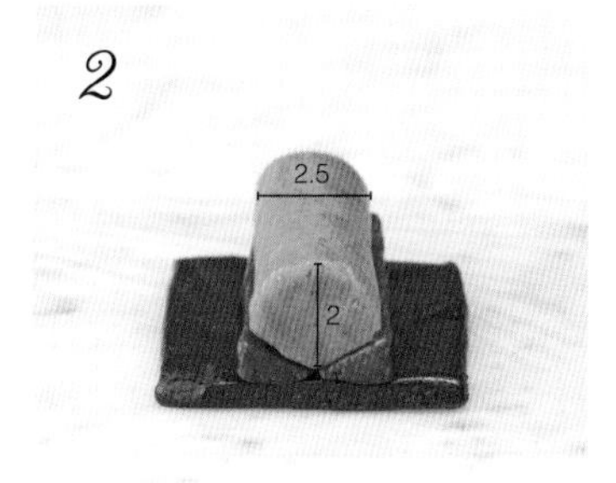

做1块宽2.5厘米、高2厘米的草莓扇形面团（冷冻），放在*1*上。

⇒冷冻15分钟

3

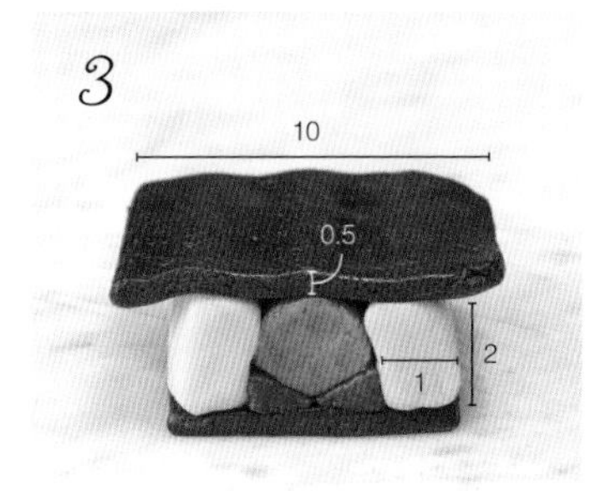

把2根宽1厘米、高2厘米的原味长方体（常温）放在*2*的侧面，上面盖1块宽10厘米、厚0.5厘米的黑可可面皮（常温）。

4

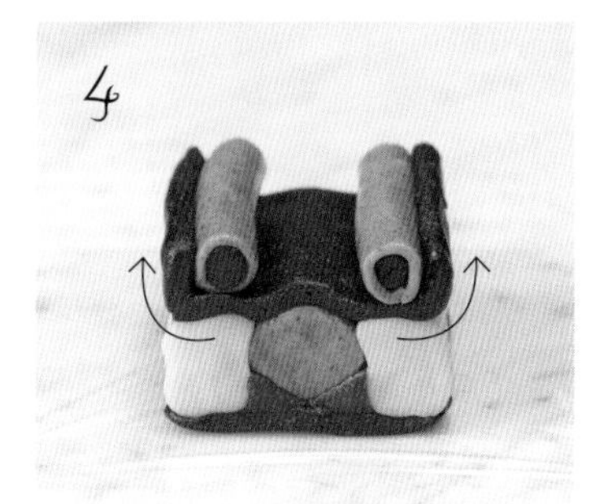

做2根眼睛部件（做法参照第53页）放在*3*上，压实，使面皮贴着眼睛的侧面。

5

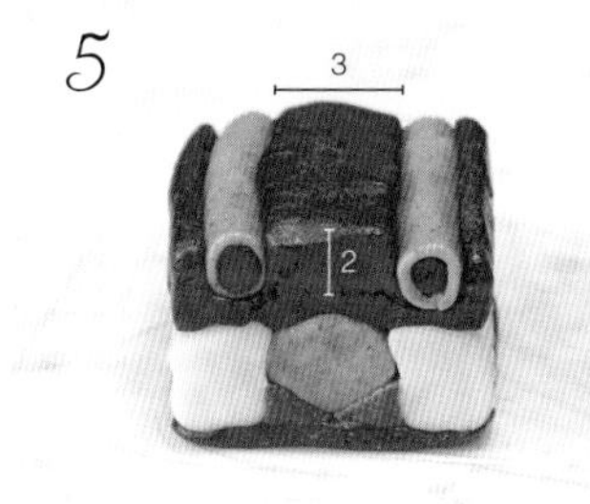

把宽3厘米、高2厘米的黑可可长方体（常温）放在*4*上，填满空隙。

⇒冷冻15分钟

完成

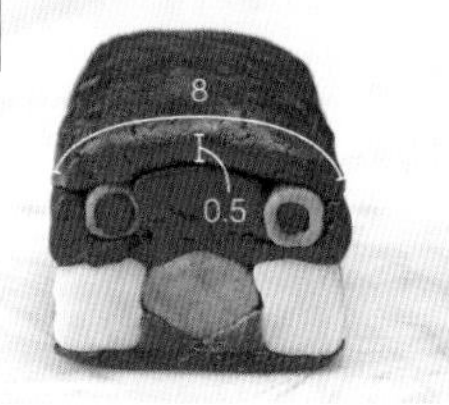

把宽8厘米、厚0.5厘米的黑可可面皮（常温）放在*5*的上面，压实即可完成。

⇒冷冻30分钟以上

切成0.7～0.8厘米厚的片，烤箱预热至170℃，烤15分钟左右，再调到160℃，继续烤5分钟。

小鸟
（鹦鹉）

材料

★黄油面团（成品约220克）

无盐黄油	110克
糖粉	83克
全蛋	30克
盐	2小撮

●紫色、紫薯味（成品约330克）

★黄油面团	165克
♥低筋面粉	119克
杏仁粉	23克
紫薯粉	23克

●黄色、南瓜味（成品约35克）

★黄油面团	18克
♥低筋面粉	13克
杏仁粉	2克
南瓜粉	3克

●黑色、黑可可味（成品约25克）

★黄油面团	13克
♥低筋面粉	9克
杏仁粉	2克
黑可可粉	2克

●白色、原味（成品约20克）

★黄油面团	10克
♥低筋面粉	8克
杏仁粉	2克

●灰色、黑芝麻味（成品约20克）

★黄油面团	10克
♥低筋面粉	7克
杏仁粉	2克
芝麻粉（黑）	2克
黑芝麻酱	极少量

※由于每个人力道大小不同，做出部件的尺寸有所差异，所以配方分量比实际用量略多。

做法

1 用★的材料做成黄油面团（做法参照第48页）。

2 加入♥的材料，做成五色面团。

制作基本部件

※长度均为8厘米。

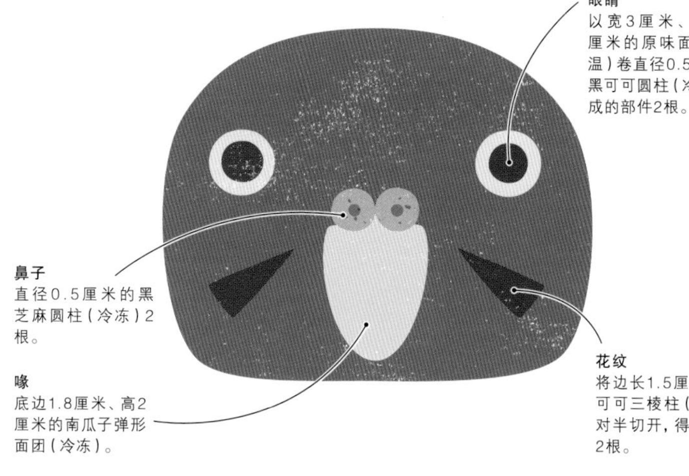

做1块宽7厘米、厚0.3厘米的紫薯面皮（冷冻）

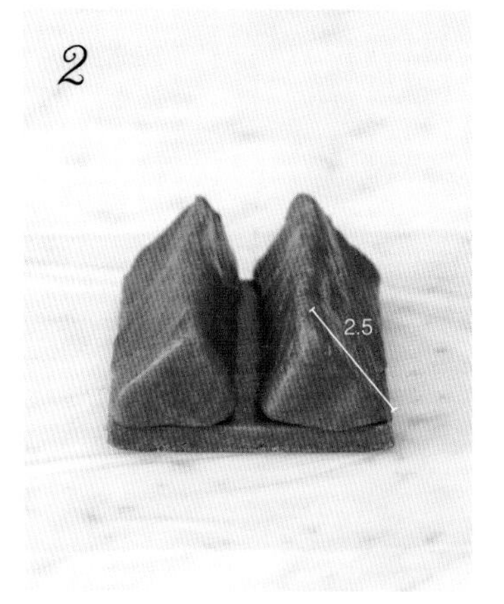

将2根边长2.5厘米的紫薯三棱柱（常温）放在1上。

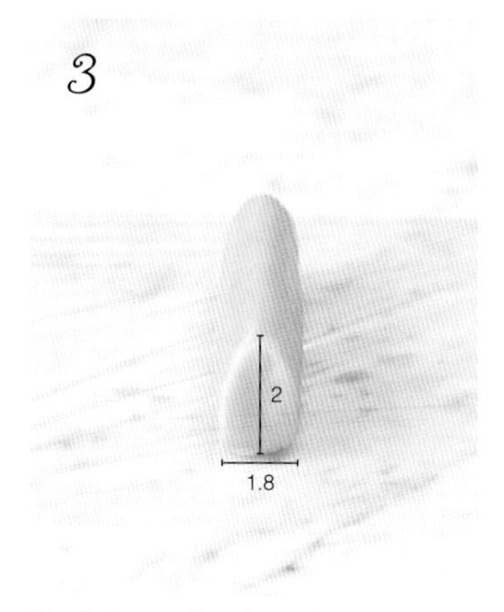

做1块宽1.8厘米、高2厘米的南瓜子弹形面团（冷冻）。

⇒冷冻15～20分钟

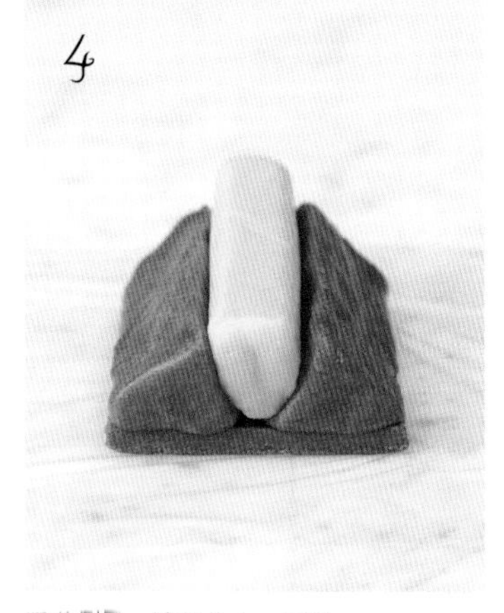

将3倒置，放在2上，压实。

⇒冷冻15～20分钟

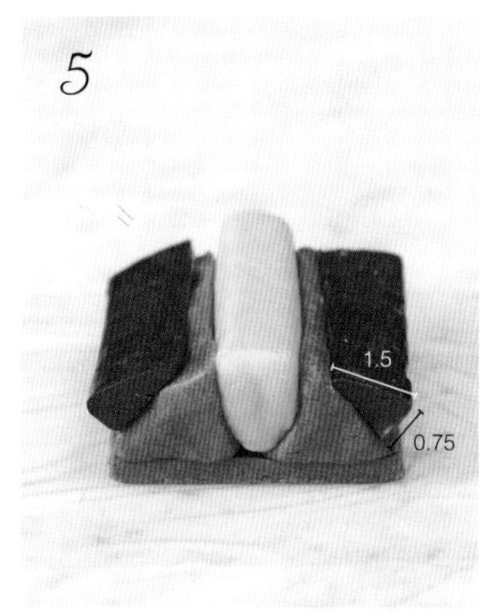

做1块边长1.5厘米的黑可可三棱柱，切成两半（冷冻），放在*4*上，压实。

⇒冷冻15～20分钟

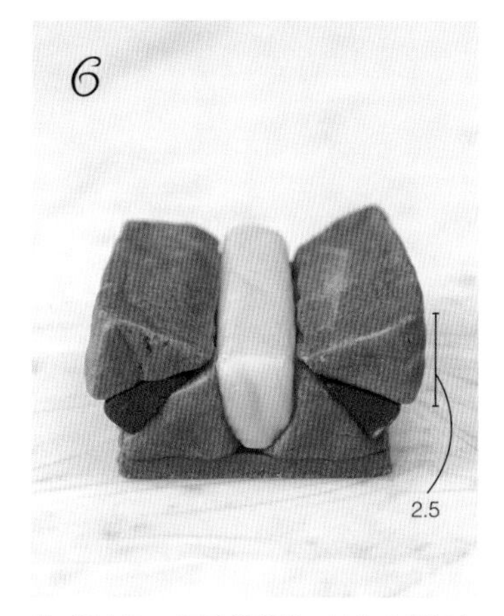

将2根边长2.5厘米的紫薯三棱柱（常温）放在*5*上。

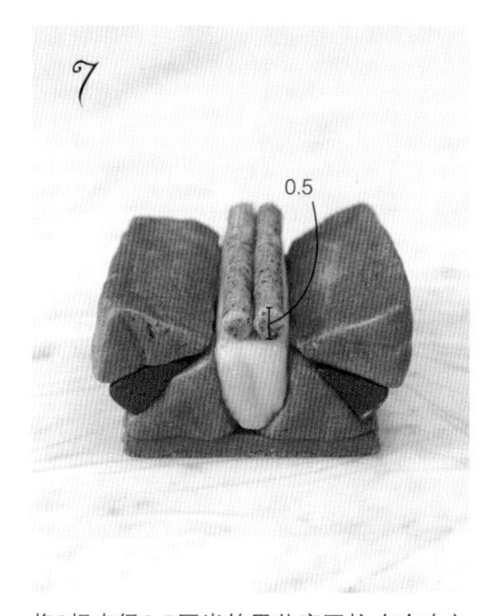

将2根直径0.5厘米的黑芝麻圆柱（冷冻）放在*6*上。

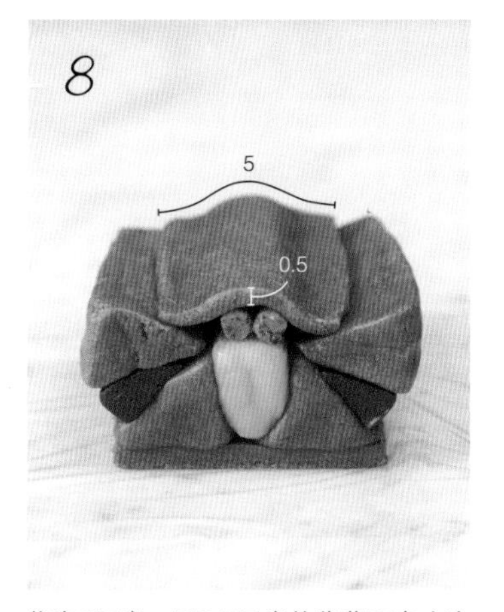

将宽5厘米、厚0.5厘米的紫薯面皮（冷冻）放在*7*上，压实。

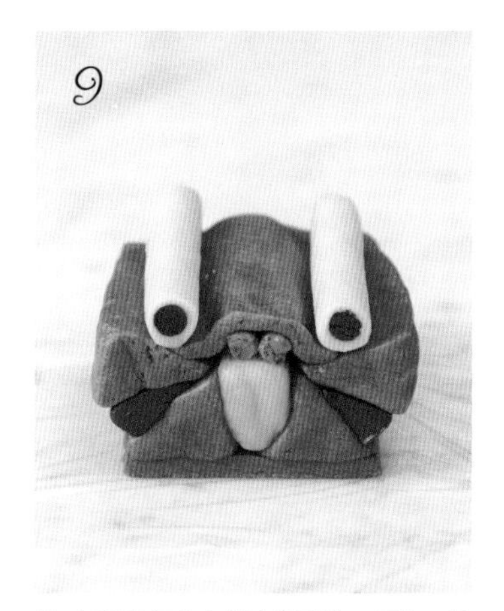

做2根眼睛部件（做法参照第53页），放在*8*上。

将*9*的侧面压实，抻开面团使其覆盖眼睛。

⇒冷冻15～20分钟

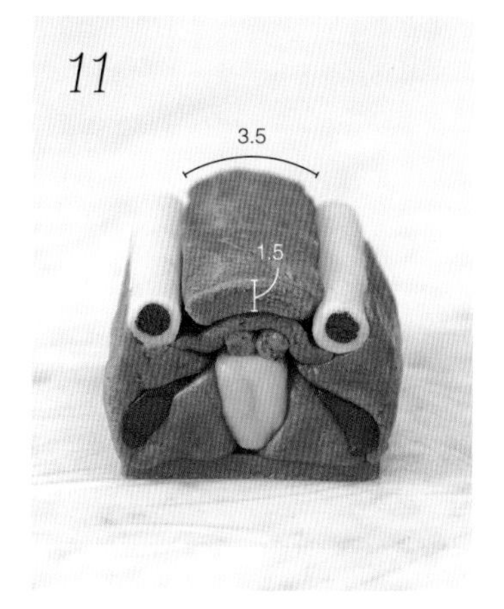

将宽3.5厘米、厚1.5厘米的紫薯面皮（常温）放在*10*上，压实。

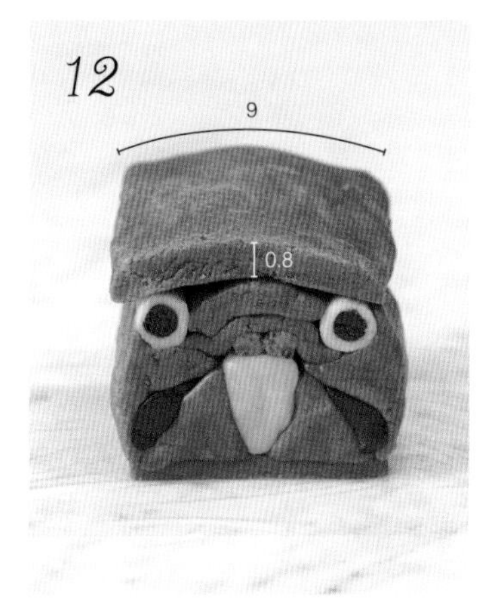

做1块宽9厘米、厚0.8厘米的紫薯面皮，放在*11*上。

完成

将*12*压实完成。 **⇒冷冻30分钟以上**

切成0.7～0.8厘米厚的片，烤箱预热至170℃，烤15分钟左右，再调到160℃，继续烤5分钟。

07

彩虹

材料

★黄油面团（成品约175克）

无盐黄油……………………………88克
糖粉…………………………………66克
全蛋…………………………………23克
盐…………………………………2小撮

●红色、覆盆子味（成品约90克）

★黄油面团 ………………………45克
♥低筋面粉 ………………………34克
杏仁粉……………………………6克
覆盆子粉…………………………5克

●黄色、南瓜味（成品约80克）

★黄油面团 ………………………40克
♥低筋面粉 ………………………29克
杏仁粉……………………………6克
南瓜粉……………………………6克

●白色、原味（成品约70克）

★黄油面团 ………………………35克
♥低筋面粉 ………………………29克
杏仁粉……………………………6克

●绿色、抹茶味（成品约55克）

★黄油面团 ………………………28克
♥低筋面粉 ………………………20克
杏仁粉……………………………4克
抹茶粉……………………………3克

●紫色、紫薯味（成品约45克）

★黄油面团 ………………………23克
♥低筋面粉 ………………………16克
杏仁粉……………………………3克
紫薯粉……………………………3克

※由于每个人力道大小不同，做出部件的尺寸有所差异，所以配方分量比实际用量略多。

做法

1 用★的材料做成黄油面团（做法参照第48页）。

2 加入♥的材料，做成五色面团。

制作基本部件

※长度均为8厘米。

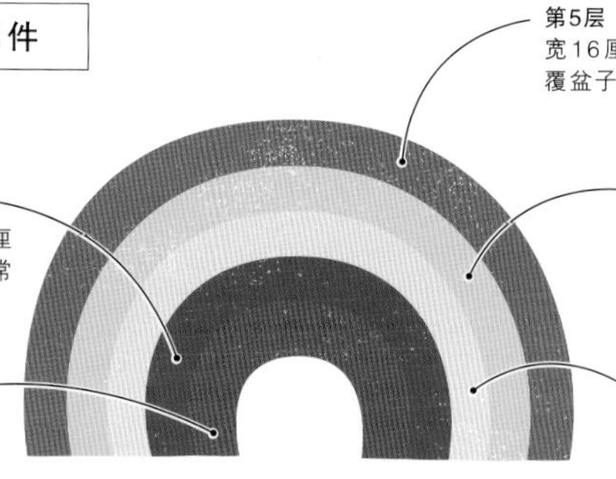

第1层
宽8厘米、厚0.5厘米的紫薯面皮（常温）。

第2层
宽10厘米、厚0.5厘米的抹茶面皮（常温）。

第3层
宽12厘米、厚0.5厘米的原味面皮（常温）。

第4层
宽14厘米、厚0.5厘米的南瓜面皮（常温）。

第5层
宽16厘米、厚0.5厘米的覆盆子面皮（常温）。

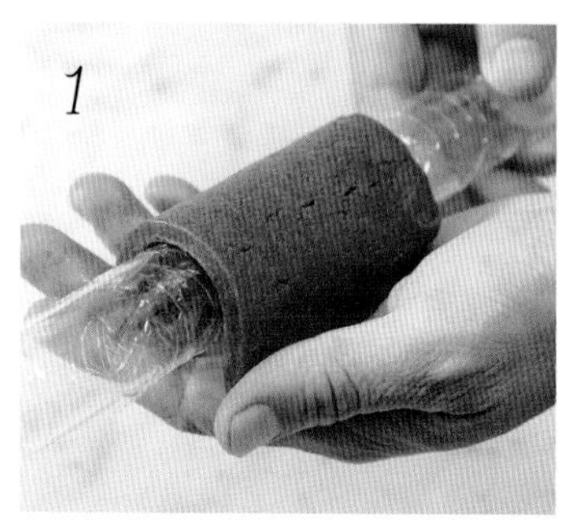

1

将第1层面皮卷在直径2厘米左右的圆筒上。

⇒冷冻15分钟

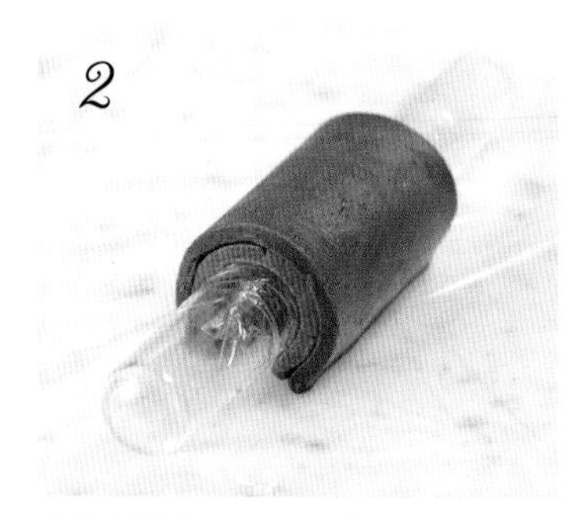

2

将第2层卷在 *1* 里面，压实。

⇒冷冻15分钟

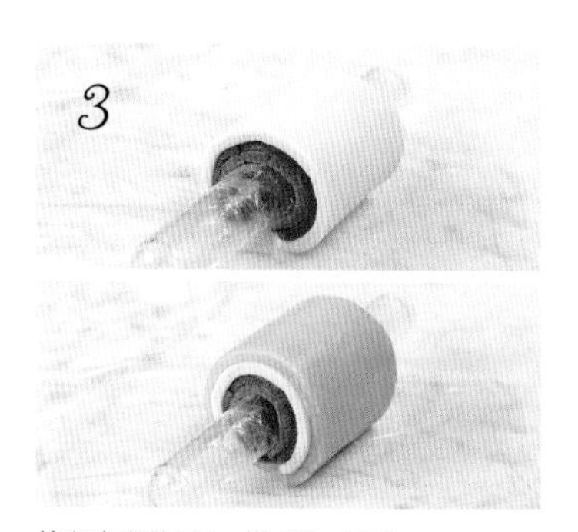

3

按顺序卷第3层、第4层，压实。

⇒冷冻15分钟

4

卷第5层面皮。

5

为 *4* 整形，压实。

完成

将筒取下，切掉多余部分即可完成。

⇒冷冻30分钟以上

切成0.7～0.8厘米厚的片，烤箱预热至170℃，烤15分钟左右，再调到160℃，继续烤5～8分钟。

08

青蛙

材料

★黄油面团（成品约220克）

无盐黄油	110克
糖粉	82克
全蛋	30克
盐	2小撮

●绿色、抹茶味（成品约220克）

★黄油面团	110克
♥低筋面粉	82克
杏仁粉	15克
抹茶粉	13克

●黄色、南瓜味（成品约175克）

★黄油面团	88克
♥低筋面粉	63克
杏仁粉	12克
南瓜粉	12克

●黑色、黑可可味（成品约30克）

★黄油面团	13克
♥低筋面粉	13克
杏仁粉	2克
黑可可粉	2克

※由于每个人力道大小不同，做出部件的尺寸有所差异，所以配方分量比实际用量略多。

做法

1 用★的材料做成黄油面团（做法参照第48页）。

2 加入♥的材料，做成三色面团。

制作基本部件

※长度均为8厘米。

眼睛
以宽5厘米、厚0.2厘米的南瓜面皮卷直径1厘米的黑可可圆柱（冷冻）而成的部件2根。

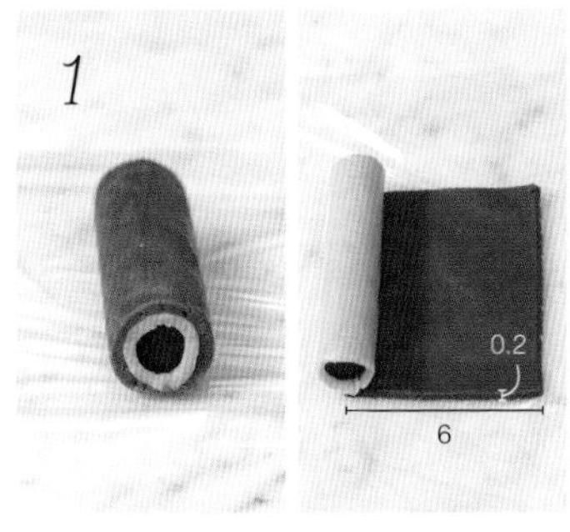

做2根眼睛部件（做法参照第53页），用2块宽6厘米、厚0.2厘米的抹茶面皮（常温）分别卷起来。

⇒冷冻15分钟

做1块底边7.5厘米、高3厘米的抹茶鱼糕形面团（常温）

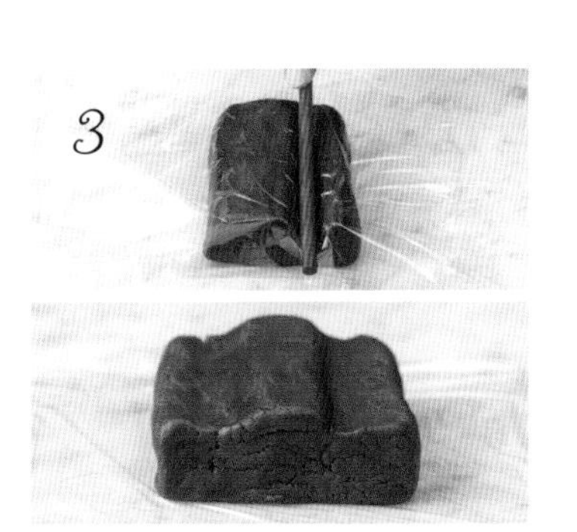

用筷子在上边压出2条接近1厘米的小坑。

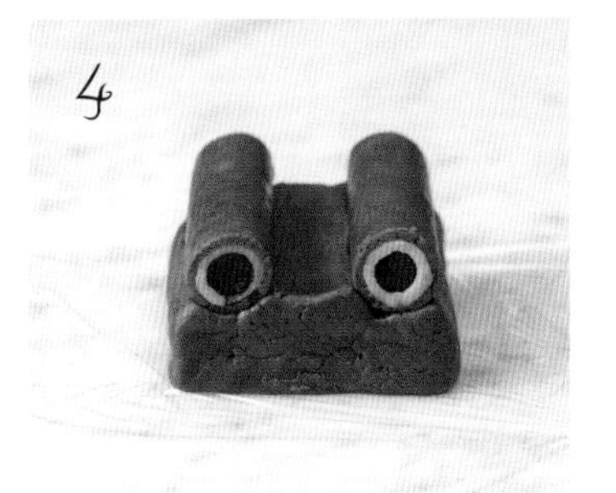

把*1*放在*3*上，填满空隙，压实。

⇒冷冻15～20分钟

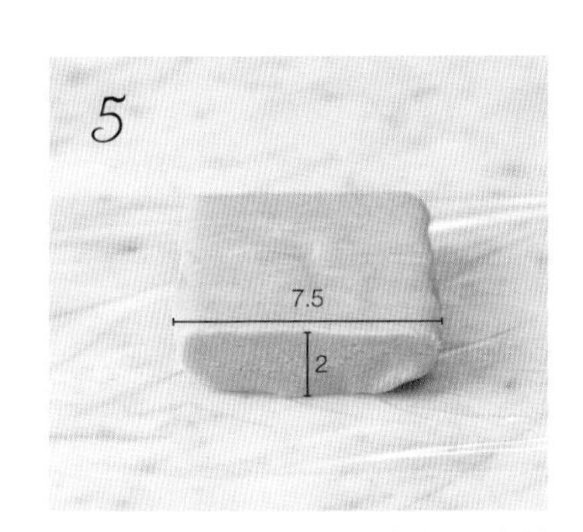

做1块底边7.5厘米、高2厘米的南瓜鱼糕形面团（常温）。

将*4*放在*5*上，牢牢固定即可。

⇒冷冻30分钟以上

切成0.7～0.8厘米厚的片，烤箱预热至170℃，烤15分钟左右，再调到160℃，继续烤5～8分钟。

花

材料

★黄油面团（成品约260克）

无盐黄油	130克
糖粉	99克
全蛋	34克
盐	3小撮

●紫色、紫薯味（成品约360克）

★黄油面团	180克
♥低筋面粉	130克
杏仁粉	25克
紫薯粉	25克

●黄色、南瓜味（成品约125克）

★黄油面团	63克
♥低筋面粉	45克
杏仁粉	9克
南瓜粉	9克

●黑色、黑可可味（成品约30克）

★黄油面团	15克
♥低筋面粉	10克
杏仁粉	2克
黑可可粉	3克

※由于每个人力道大小不同，做出部件的尺寸有所差异，所以配方分量比实际用量略多。

做法

1 用★的材料做成黄油面团（做法参照第48页）。

2 加入♥的材料，做成三色面团。

制作基本部件

※长度均为8厘米。

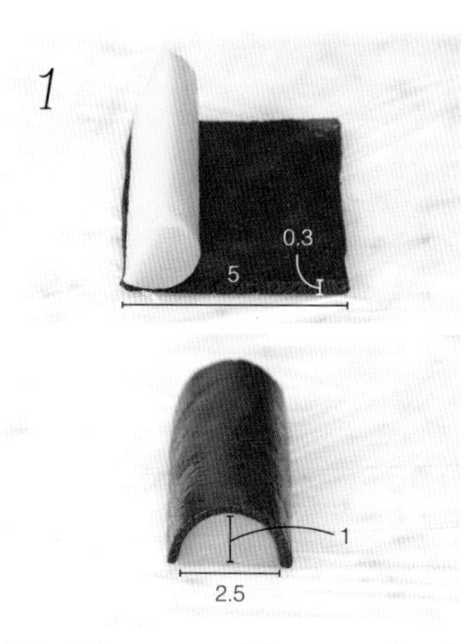

用宽5厘米、厚0.3厘米的黑可可面皮（常温）将宽2.5厘米、高1厘米的南瓜鱼糕形面团（冷冻）的圆弧部分卷起来。

⇒冷冻15分钟

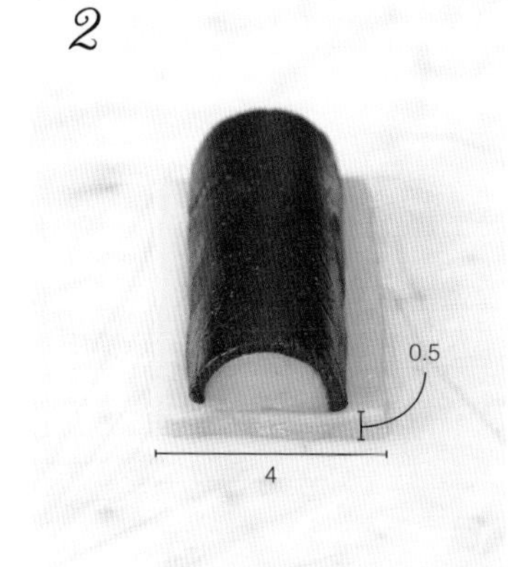

将1放在宽4厘米、厚0.5厘米的南瓜面皮（常温）上。

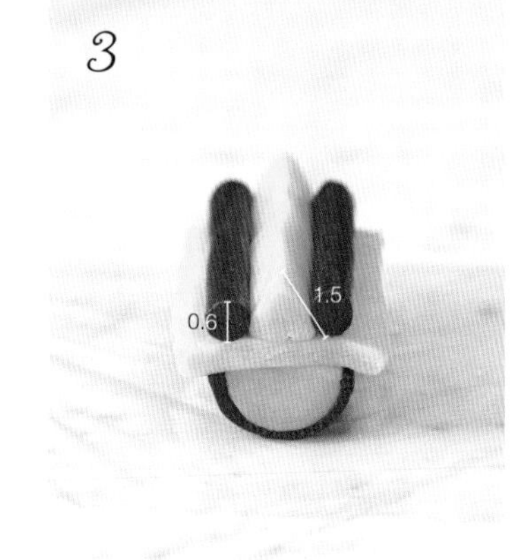

将2根直径0.6厘米的黑可可圆柱（冷冻）、边长1.5厘米的南瓜三棱柱（常温）放在倒置的2上。

做1块宽2.5厘米、高1厘米的南瓜鱼糕形面团（常温），放在3上，将弧度捏圆。

⇒冷冻15分钟

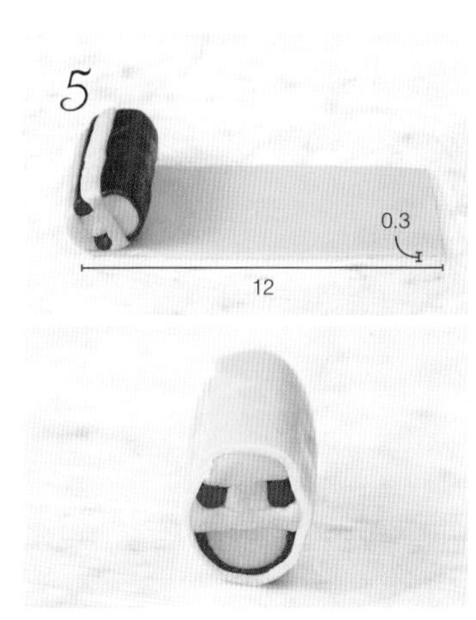

把4放在宽12厘米、厚0.3厘米的南瓜面皮（常温）上，卷起来。

⇒冷冻15分钟

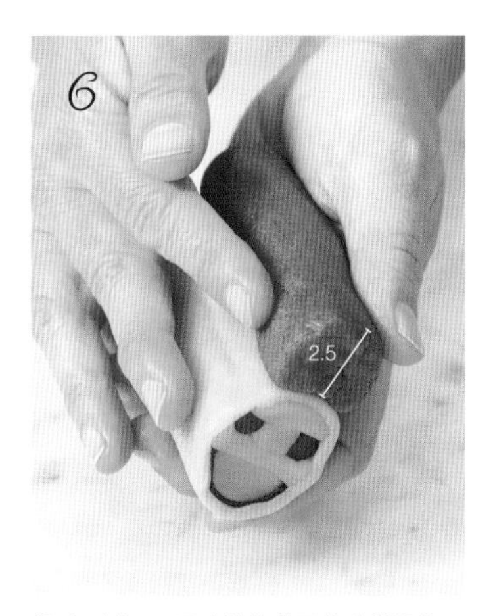

做6根直径2.5厘米的紫薯圆柱（常温），一根一根地粘在5上，彻底压实。

完成

整形即可完成。

⇒冷冻30分钟以上

切成0.7～0.8厘米厚的片，烤箱预热至170℃，烤15分钟左右，再调到160℃，继续烤5～8分钟。

叶子

材料

★黄油面团（成品约60克）

- 无盐黄油……………… 30克
- 糖粉…………………… 23克
- 全蛋…………………… 8克
- 盐……………………… 1小撮

●绿色、抹茶味（成品约100克）

- ★黄油面团 …………50克
- ♥低筋面粉 …………37克
- 杏仁粉……………… 7克
- 抹茶粉……………… 6克

白色、原味（成品约20克）

- ★黄油面团 …………10克
- ♥低筋面粉 ………… 8克
- 杏仁粉……………… 2克

※由于每个人力道大小不同，做出部件的尺寸有所差异，所以配方分量比实际用量略多。

做法

1 用★的材料做成黄油面团（做法参照第48页）。

2 加入♥的材料，做成双色面团。

制作基本部件

※长度均为8厘米。

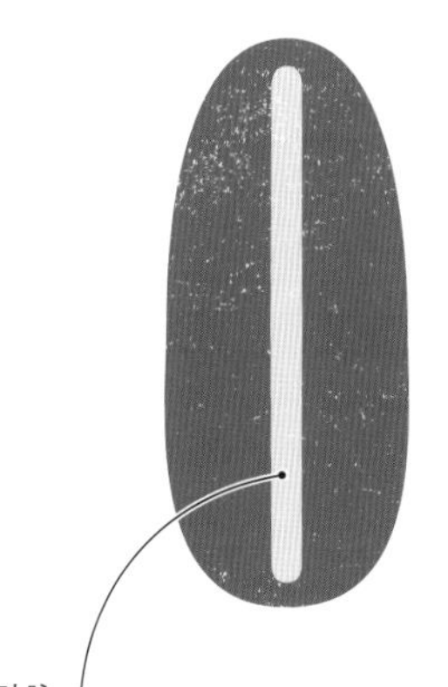

叶脉
宽5.5厘米、厚0.2厘米的原味面皮（冷冻）。

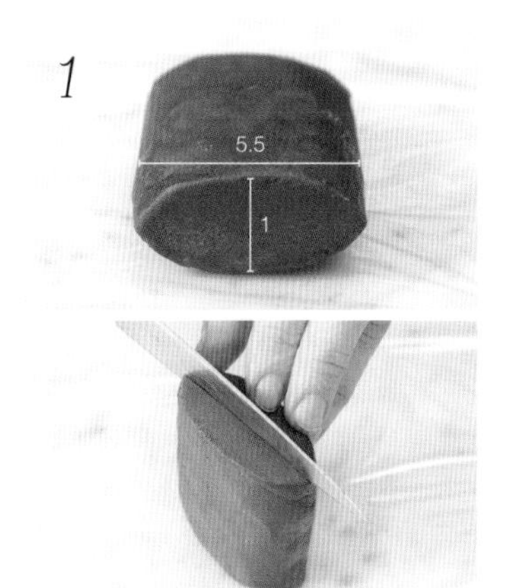

做1块宽5.5厘米、高1厘米的抹茶叶子形面团（常温），用小刀切成两半。

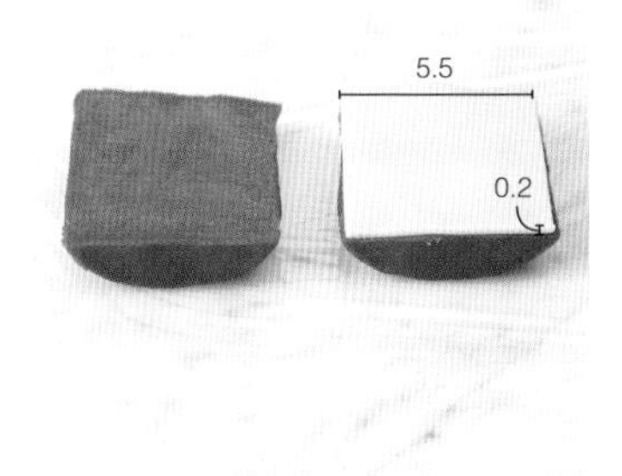

将宽5.5厘米×厚0.2厘米的原味面皮（冷冻）夹在1的中间。

完成

整形，压实即可完成。

⇒冷冻30分钟以上

切成0.7～0.8厘米厚的片，烤箱预热至170℃，烤15分钟左右，再调到160℃，继续烤3分钟。

10

松鼠

材料

★黄油面团（成品约260克）

无盐黄油	130克
糖粉	99克
全蛋	34克
盐	3小撮

白色、原味（成品约290克）

★黄油面团	145克
♥低筋面粉	119克
杏仁粉	26克

褐色、可可味（成品约170克）

★黄油面团	85克
♥低筋面粉	61克
杏仁粉	12克
可可粉	12克

粉红色、草莓味（成品约30克）

★黄油面团	15克
♥低筋面粉	10克
杏仁粉	2克
草莓粉	3克

黑色、黑可可味（成品约20克）

★黄油面团	10克
♥低筋面粉	7克
杏仁粉	2克
黑可可粉	2克

※由于每个人力道大小不同，做出部件的尺寸有所差异，所以配方分量比实际用量略多。

做法

1 用★的材料做成黄油面团（做法参照第48页）。

2 加入♥的材料，做成四色面团。

制作基本部件

※长度均为8厘米。

嘴巴
用宽3厘米、厚0.2厘米的草莓面皮（常温）和宽2厘米、厚0.2厘米的草莓面皮（常温）包住2根直径1厘米的原味圆柱（冷冻），再用边长1.5厘米的原味三棱柱（常温）填进下巴部分。

耳朵
边长1厘米的可可三棱柱（冷冻）2根。

眼睛
以宽4.5厘米、厚0.2厘米的原味面皮（常温）卷宽1.2厘米、高0.5厘米的黑可可椭圆柱（冷冻）而成的部件2根。

鼻子
边长1厘米的草莓三棱柱（冷冻）。

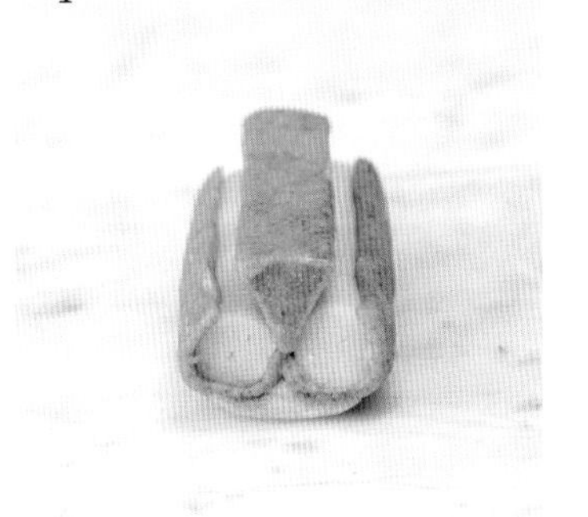

制作鼻子和嘴巴部件（做法参照第53页）。

⇒冷冻15分钟

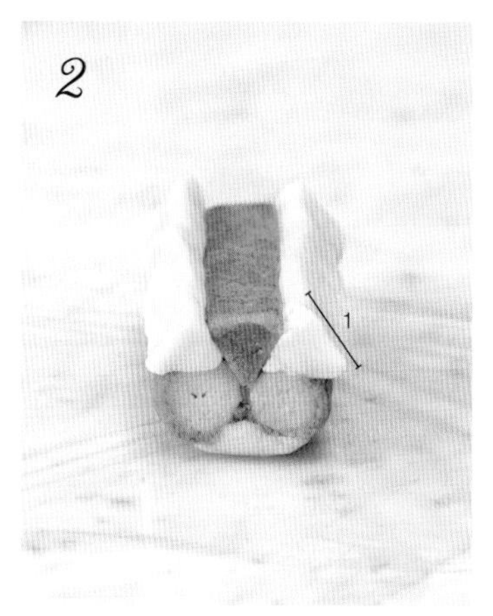

将2根边长1厘米的原味三棱柱（常温）分别放在鼻子左右，用手指压实后填入空隙。

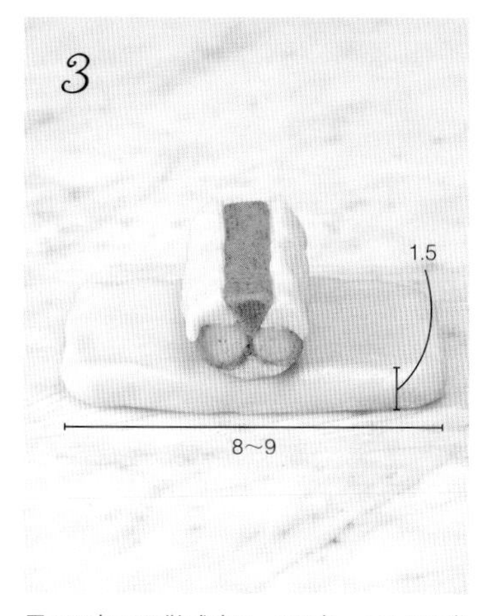

用200克面团做成宽8～9厘米、厚1.5厘米的原味面皮（常温），放在2上。

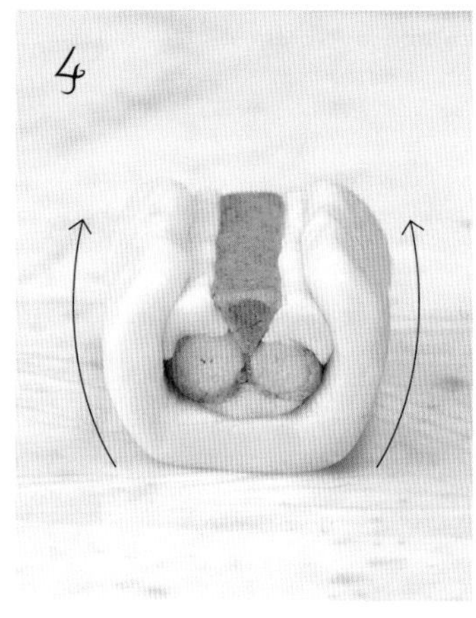

用3的面皮将2中部件的侧面包起来，整形并压实。

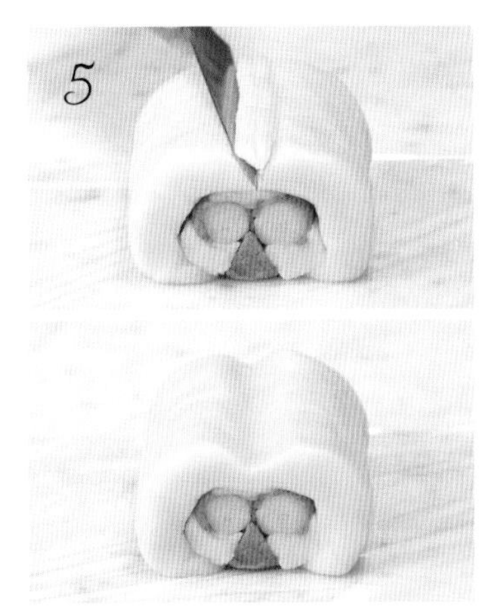

将4倒置，用小刀在中间部分切口，取下1块，再把切面按压平滑。

⇒冷冻15～20分钟

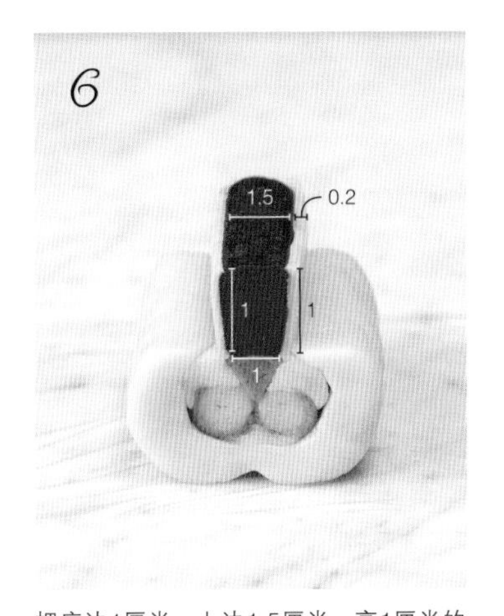

把底边1厘米、上边1.5厘米、高1厘米的可可梯形面团（冷冻）夹在2片宽1厘米、厚0.2厘米的原味面皮（常温）中间，放在5上，压实。⇒冷冻5分钟

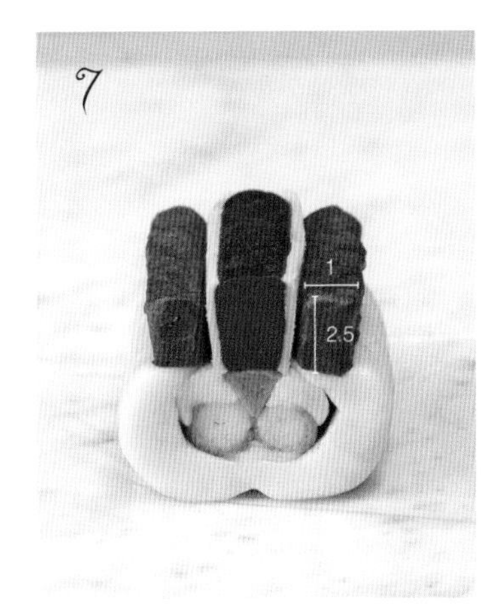

将2根宽1厘米、厚2.5厘米的可可方块面团（常温）放在6上，向中间推着压实。

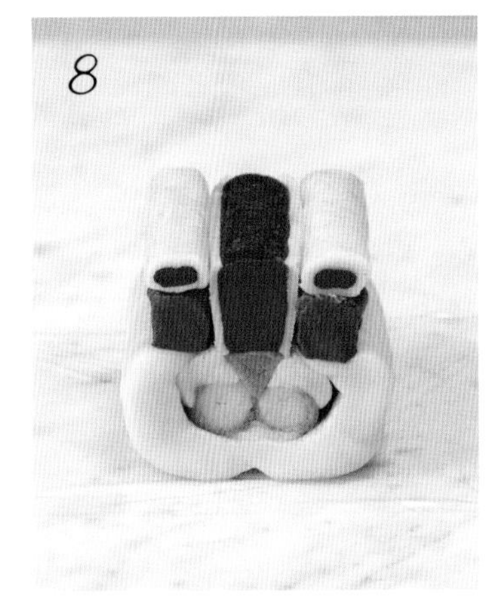

做2根眼睛部件（做法参照第53页），放在7上。

⇒冷冻15～20分钟

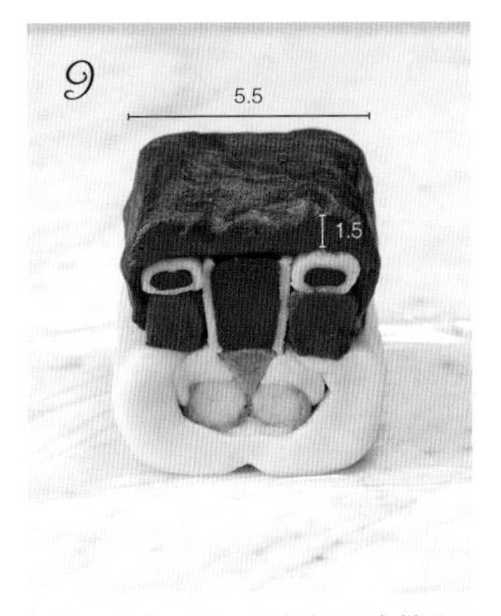

把宽5.5厘米、厚1.5厘米的可可鱼糕形面团（常温）放在8上，填满空隙，压实。

⇒冷冻15～20分钟

完成

将2根边长1厘米的可可三棱柱（冷冻）放在9上，压实，完成。

⇒冷冻30分钟以上

切成0.7～0.8厘米厚的片，用牙签画出花纹和胡须，烤箱预热至170℃，烤15分钟左右，再调到160℃，继续烤5～8分钟。

橡果

可以用剩余的面团做一些橡果饼干。只需将2个部件组合在一起即可，简单易做。

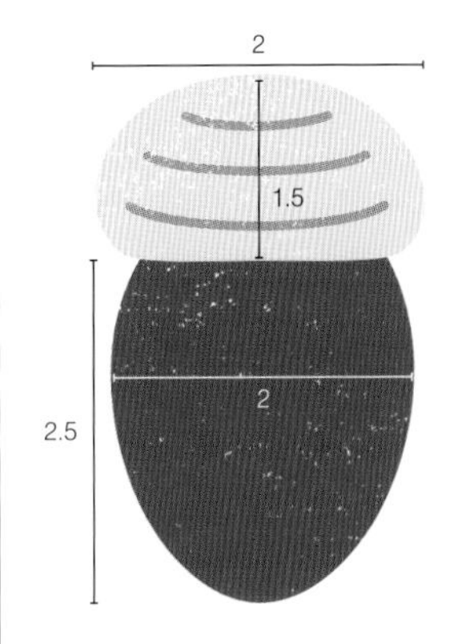

材料

※重新做面团的情况下。

无盐黄油	38克
糖粉	29克
全蛋	10克
盐	1小撮
米黄色、豆粉味（成品约25克）	
黄油面团	13克
低筋面粉	9克
杏仁粉	2克
豆粉	2克
褐色、可可味（成品约50克）	
黄油面团	25克
低筋面粉	18克
杏仁粉	4克
可可粉	4克

做法

1 把宽2厘米、高2.5厘米的可可子弹形面团（冷冻）和宽2厘米、高1.5厘米的鱼糕形面团（豆粉味、常温）组合在一起。

2 整形并压实。

⇒冷冻5分钟

3 切成0.7～0.8厘米厚的片，用牙签画出橡果帽的纹路。

4 烤箱预热至170℃，烤15分钟左右。

※也可以把多余的面团擀成片，制作模型饼干。

11

绵羊

材料

★黄油面团（成品约300克）

无盐黄油	150克
糖粉	112克
全蛋	40克
盐	3小撮

●米黄色、豆粉味（成品约300克）

★黄油面团	150克
♥低筋面粉	108克
杏仁粉	21克
豆粉	21克

●白色、原味（成品约230克）

★黄油面团	115克
♥低筋面粉	94克
杏仁粉	21克

●紫色、紫薯味（成品约45克）

★黄油面团	23克
♥低筋面粉	16克
杏仁粉	3克
紫薯粉	3克

●黑色、黑可可味（成品约20克）

★黄油面团	10克
♥低筋面粉	7克
杏仁粉	2克
黑可可粉	2克

※由于每个人力道大小不同，做出部件的尺寸有所差异，所以配方分量比实际用量略多。

做法

1 用★的材料做成黄油面团（做法参照第48页）。

2 加入♥的材料，做成四色面团。

制作基本部件

※长度均为8厘米。

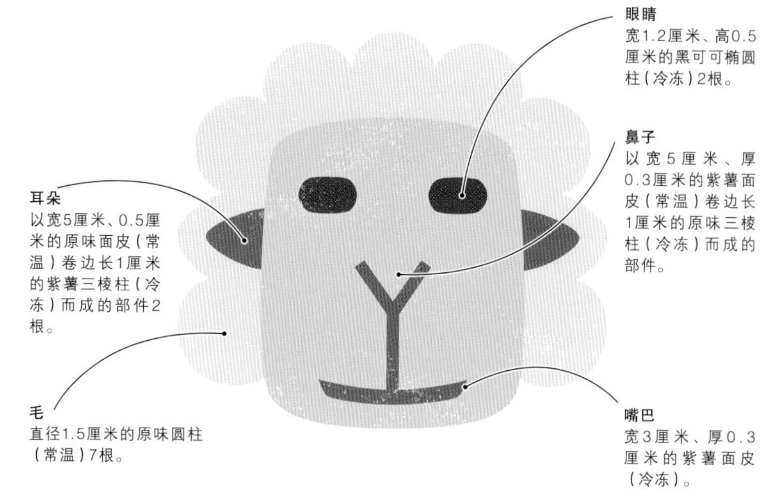

1

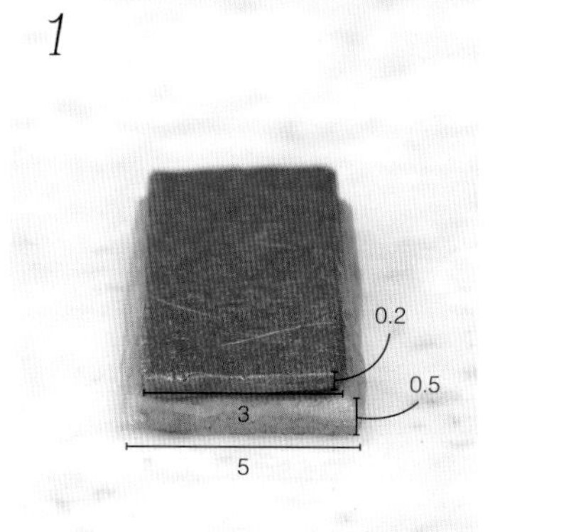

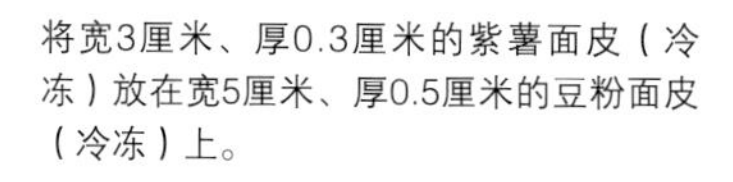

将宽3厘米、厚0.3厘米的紫薯面皮（冷冻）放在宽5厘米、厚0.5厘米的豆粉面皮（冷冻）上。

2

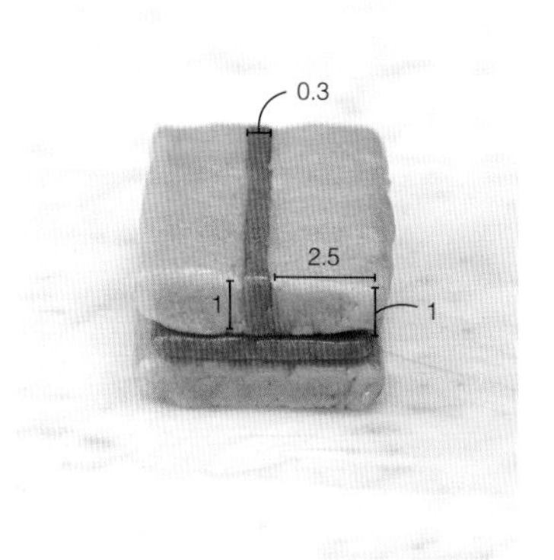

将宽1厘米、厚0.3厘米的紫薯面皮（冷冻）夹在2根宽2.5厘米、高1厘米的豆粉平板形面团（常温）中间。

⇒冷冻15分钟

3

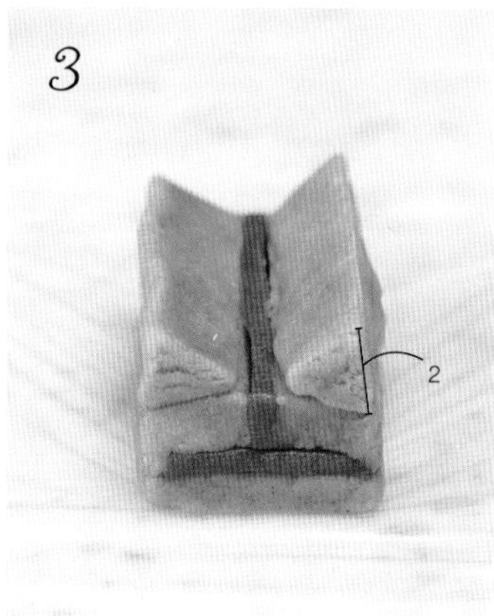

把边长2厘米的豆粉三棱柱（常温）放在2上，压实。

4

做1个鼻子部件（做法参照第52页）。

⇒冷冻15分钟

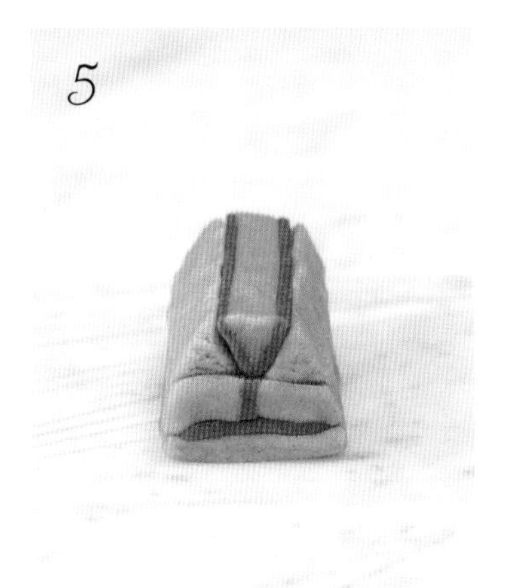

将倒置的4放在3上，压实。

⇒冷冻15～20分钟

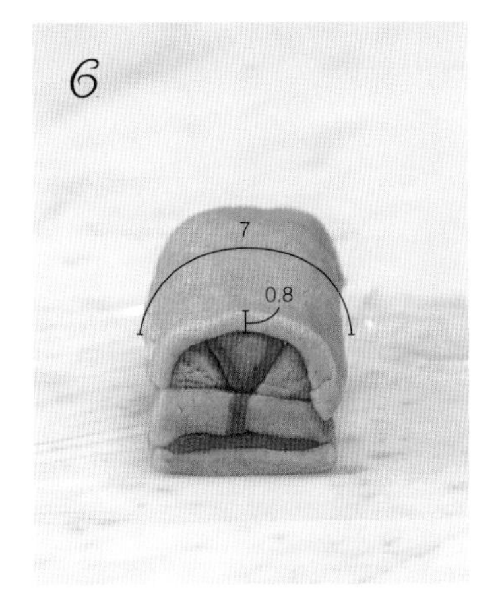

将宽7厘米、厚0.8厘米的豆粉面皮（常温）放在5上，压实。

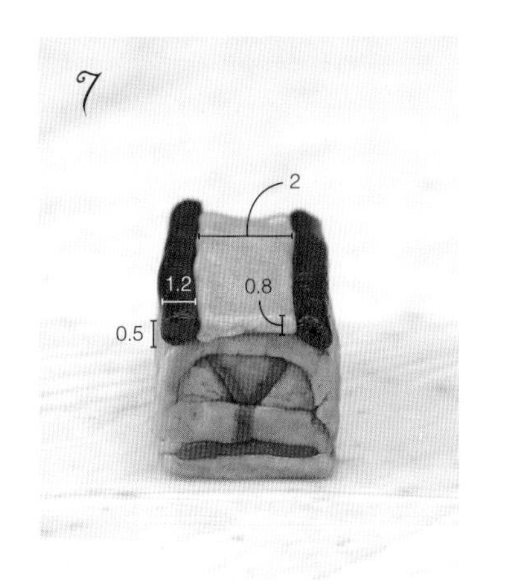

将2根宽1.2厘米、高0.5厘米的黑可可椭圆柱（冷冻）放在宽2厘米、厚0.8厘米的豆粉平板形面团（常温）上，压实。

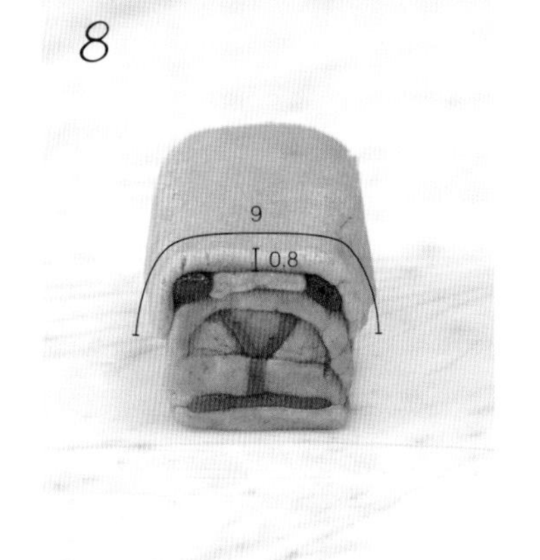

把宽9厘米、厚0.8厘米的豆粉面皮（常温）放在7上，压实。

⇒冷冻15～20分钟

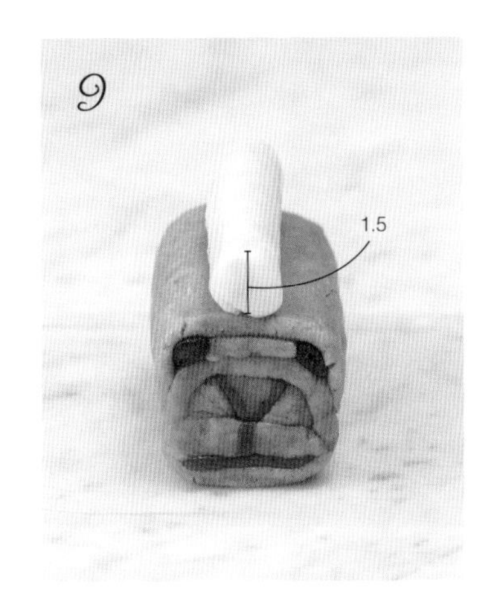

做7根直径1.5厘米的原味圆柱（常温），把其中1根放在8的中心，用力压实。

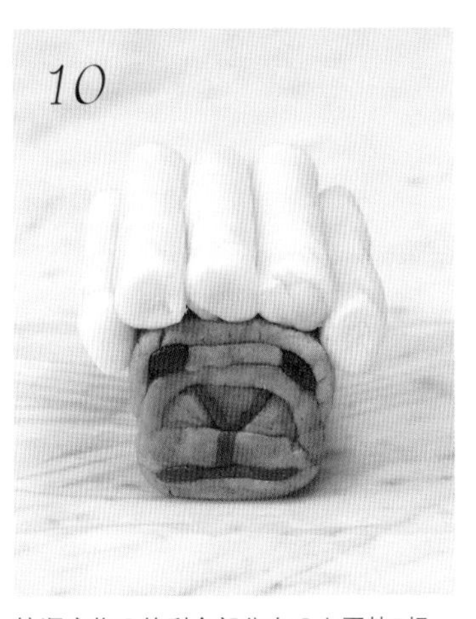

按顺序将9的剩余部分在8上再粘5根。圆柱很容易脱落，所以要压得非常牢固。

做2根耳朵部件（做法参照第52页）。

⇒冷冻5分钟

把11粘在10的侧面，用力压实。

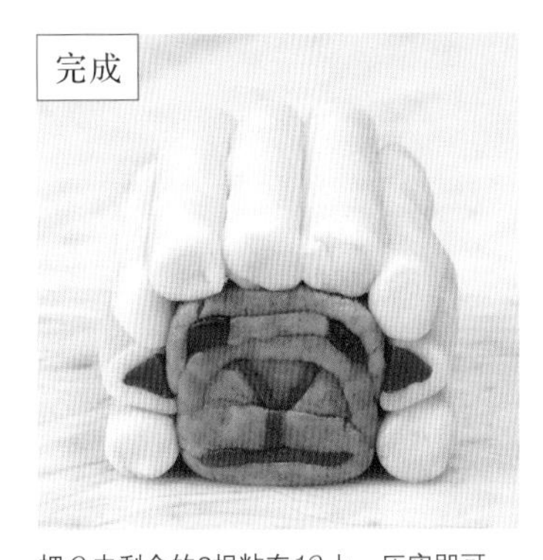

把9中剩余的2根粘在12上，压实即可。

⇒冷冻30分钟以上

切成0.7～0.8厘米厚的片，烤箱预热至170℃，烤15分钟左右，再调到160℃，继续烤5～8分钟。

12

熊猫

材料

★黄油面团（成品约225克）

无盐黄油	112克
糖粉	85克
全蛋	30克
盐	2小撮

◎白色、原味（成品约250克）

★黄油面团	125克
♥低筋面粉	103克
杏仁粉	23克

●黑色、黑可可味（成品约195克）

★黄油面团	100克
♥低筋面粉	70克
杏仁粉	15克
黑可可粉	10克
可可粉	5克

※由于每个人力道大小不同，做出部件的尺寸有所差异，所以配方分量比实际用量略多。

做法

1 用★的材料做成黄油面团（做法参照第48页）。

2 加入♥的材料，做成双色面团。

制作基本部件

※长度均为8厘米。

耳朵
宽2厘米、高1.5厘米的黑可可鱼糕形面团（冷冻）2根。

眼睛
宽1.5厘米、高2厘米的黑可可子弹形面团（冷冻）2根。

嘴巴
宽5厘米、厚0.3厘米的黑可可面皮（冷冻）。

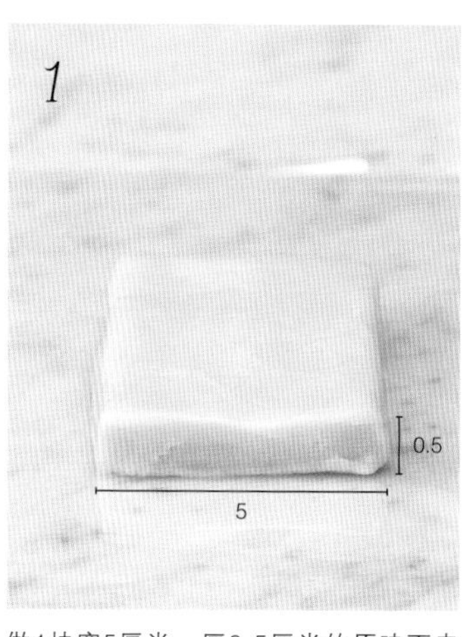

做1块宽5厘米、厚0.5厘米的原味面皮（冷冻）。

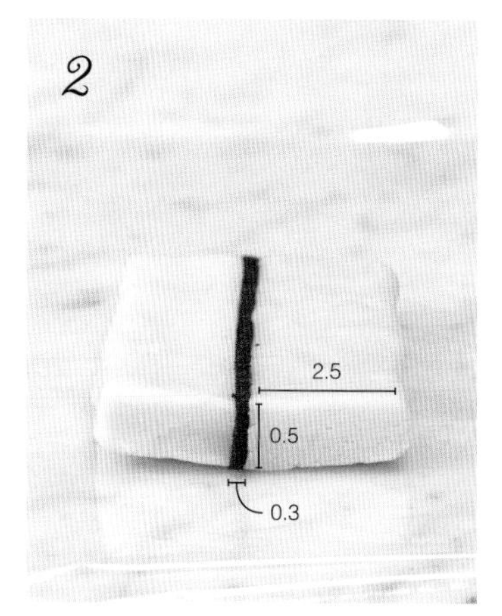

将1对半切成2块宽2.5厘米、厚0.5厘米的原味面皮（常温），再用2块面皮把宽0.5厘米、厚0.3厘米的黑可可面皮（冷冻）夹在中间。

把边长1.5厘米的原味三棱柱（常温）放在2上。

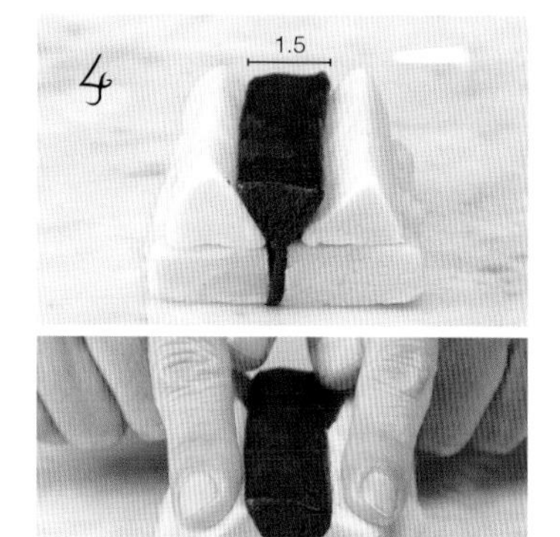

把边长1.5厘米的黑可可三棱柱（常温）放在3上，用手指将其和3压实，填满空隙。

⇒冷冻15分钟

将边长2.5厘米的原味三棱柱（常温）放在4上。

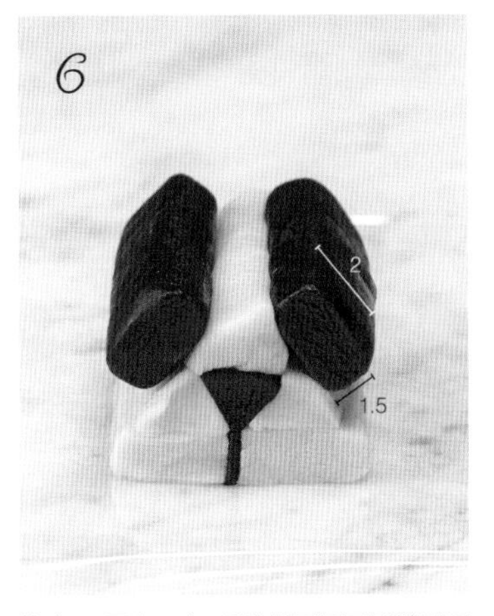

将宽1.5厘米、高2厘米的黑可可子弹形面团（冷冻）放在5上。

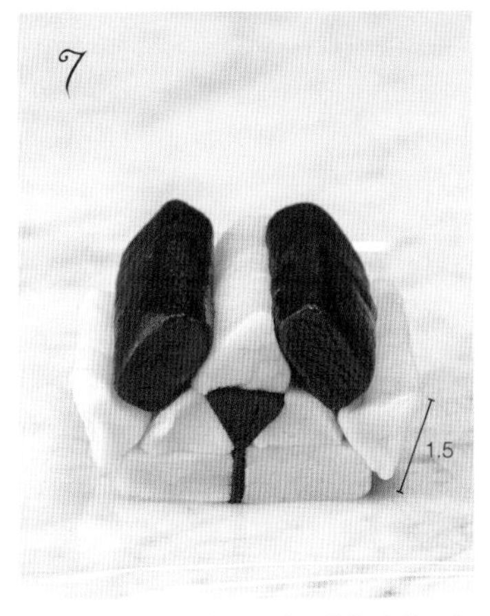

将2根边长1.5厘米的原味三棱柱（常温）粘在6的侧面。

用手指压实7，填入空隙，整形。

⇒冷冻15～20分钟

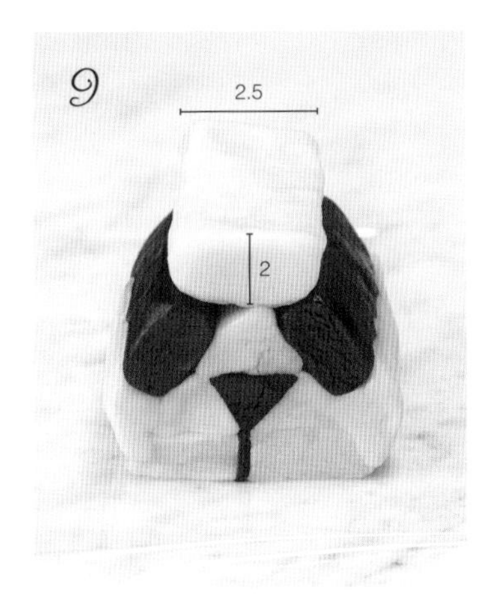

把宽2.5厘米、厚2厘米的原味长方体（常温）放在8上。

用手指把9压实，使面团平展，覆盖眼睛部件。

⇒冷冻15～20分钟

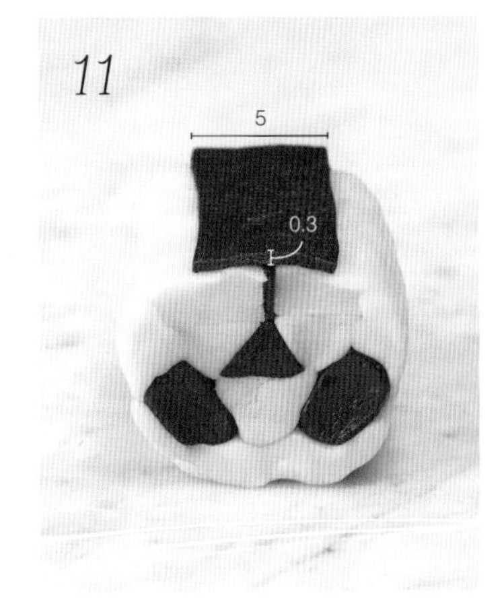

将10倒置，把宽5厘米、厚0.3厘米的黑可可面皮放在上面。

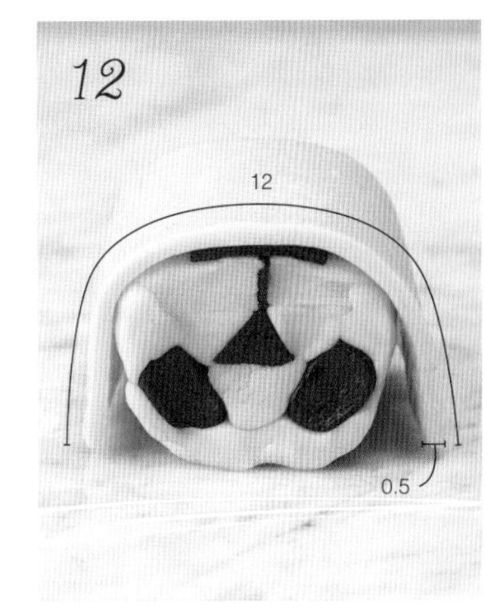

把宽12厘米、厚0.5厘米的原味面皮（常温）放在11上，压实，整形。

将12倒置，放上宽2厘米、高1.5厘米的黑可可鱼糕形面团（冷冻），压实，完成。⇒冷冻30分钟以上

切成0.7～0.8厘米厚的片，烤箱预热至170℃，烤15分钟左右，再调到160℃，继续烤5～8分钟。

13

棕熊

材料

★黄油面团（成品约320克）

无盐黄油	160克
糖粉	120克
全蛋	43克
盐	3小撮

●褐色、可可味（成品约390克）

★黄油面团	195克
♥低筋面粉	141克
杏仁粉	27克
可可粉	27克

●米黄色、豆粉味（成品约160克）

★黄油面团	80克
♥低筋面粉	58克
杏仁粉	11克
豆粉	11克

●黑色、黑可可味（成品约60克）

★黄油面团	30克
♥低筋面粉	21克
杏仁粉	4克
黑可可粉	3克
可可粉	2克

●白色、原味（成品约25克）

★黄油面团	13克
♥低筋面粉	10克
杏仁粉	2克

※由于每个人力道大小不同，做出部件的尺寸有所差异，所以配方分量比实际用量略多。

做法

1 用★的材料做成黄油面团（做法参照第48页）。

2 加入♥的材料，做成四色面团。

制作基本部件

※长度均为8厘米。

耳朵
底边1.5厘米、高1厘米的可可鱼糕形面团（冷冻）2根。

眼睛
以宽3.5厘米、厚0.3厘米的原味面皮（常温）卷直径0.8厘米的黑可可圆柱（冷冻）而成的部件2根。

鼻子
宽2厘米、高1.5厘米的黑可可圆柱（冷冻）。

嘴
宽2厘米、厚0.3厘米的黑可可面皮（冷冻）。

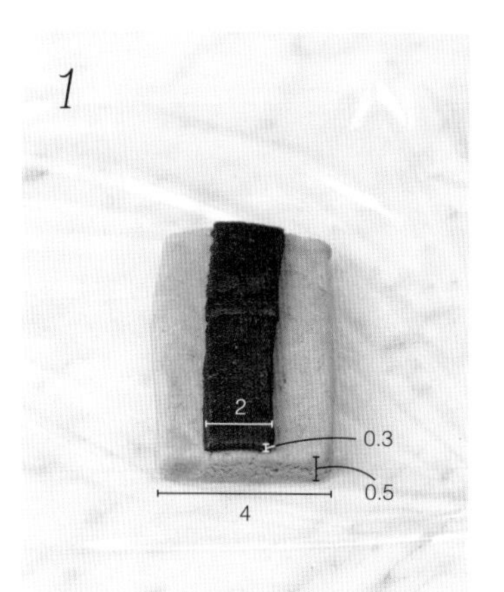

把宽2厘米、厚0.3厘米的黑可可面皮（冷冻）放在宽4厘米、厚0.5厘米的原味面皮（冷冻）上。

⇒冷冻5分钟

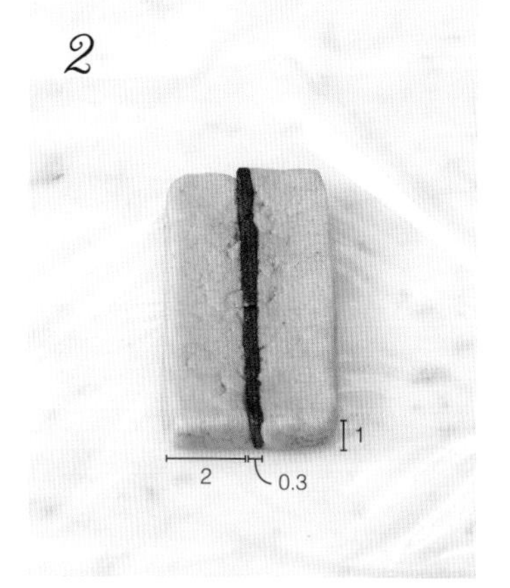

用2块宽2厘米、高1厘米的豆粉平板形面团（冷冻）把宽1厘米、厚0.3厘米的黑可可面皮（冷冻）夹在中间。

⇒冷冻5分钟

3

将*2*放在*1*上。

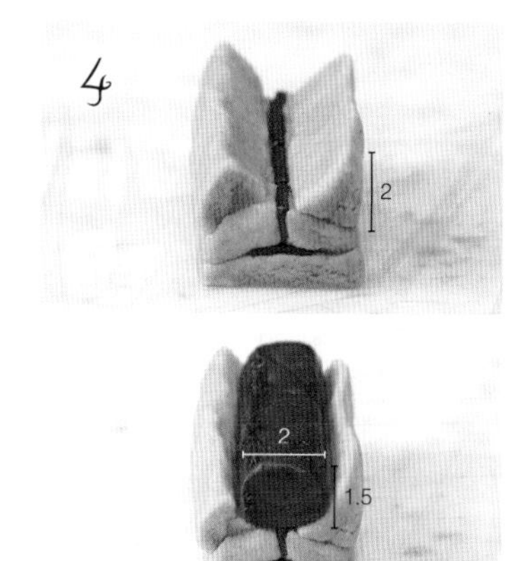

把2根边长2厘米的豆粉三棱柱（常温）和宽2厘米、高1.5厘米的黑可可圆柱（冷冻）放在*3*上，填满空隙并压实。

5

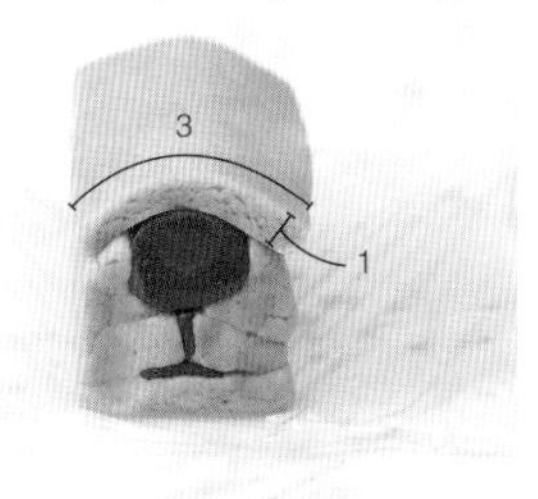

将宽3厘米、厚1厘米的豆粉面皮（常温）放在4上，压实。

⇒冷冻15分钟

6

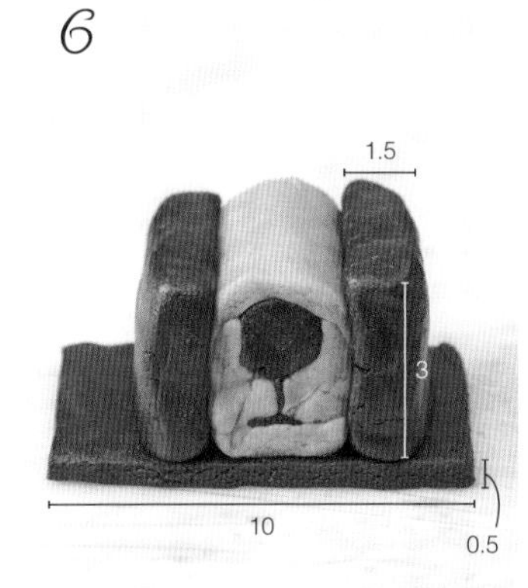

把5和2根宽1.5厘米、高3厘米的可可方块（常温）放在宽10厘米、厚0.5厘米的可可面皮（常温）上，将面皮向上翻折并压实。

7

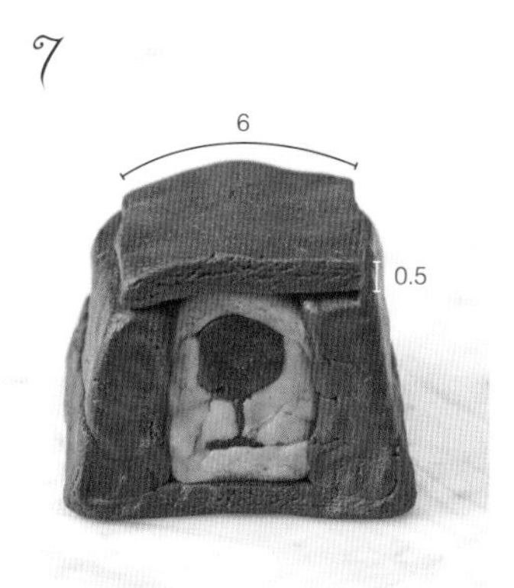

把宽6厘米、厚0.5厘米的可可面皮（常温）放在6上，压实。

8

做眼睛部件（做法参照第53页），放在7上。

⇒冷冻15分钟

9

把2根边长2厘米的可可三棱柱（常温）粘在8的侧面压实，填入空隙。

10

将底边2.5厘米、高2厘米的可可方块（常温）放在9上，用手指压实面皮，使其展开，覆盖眼睛部件。

⇒冷冻15～20分钟

完成

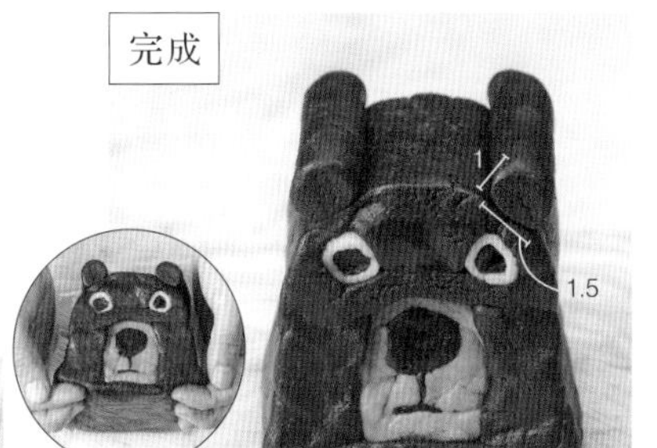

把2根底边1.5厘米、高1厘米的可可鱼糕形面团（冷冻）放在10上，用手指提拉棕熊的脸颊部分，完成。

⇒冷冻30分钟以上

切成0.7～0.8厘米厚的片，烤箱预热至170℃，烤15分钟左右，再调到160℃，继续烤5～8分钟。

鲑鱼

下面以棕熊最爱吃的鲑鱼为造型做一些饼干。比55页的小鱼饼干稍大，更有分量感。

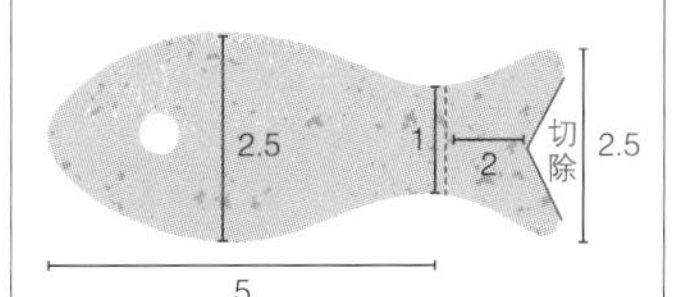

材料（成品约170克）

无盐黄油…………………… 43克
糖粉…………………… 32克
全蛋…………………… 11克
盐…………………… 1小撮
低筋面粉…………………… 61克
黑芝麻碎…………………… 12克
杏仁粉…………………… 12克
黑芝麻酱…………………… 1/2小匙

做法

1 把宽5厘米、高2.5厘米的黑芝麻椭圆柱（常温）和底边2.5厘米、上边1厘米、高2厘米的黑芝麻碎梯形面团（常温）放在一起。
2 一边整形一边压实。

⇒冷冻5分钟

3 切成0.7～0.8厘米厚的片，用筷子在眼睛部分戳孔，用小刀切掉尾巴的部分。
4 烤箱预热至170℃，烤15分钟左右，再调到160℃，继续烤5～8分钟。

14

狮子

材料

★黄油面团（成品约490克）

无盐黄油	245克
糖粉	184克
全蛋	63克
盐	5小撮

●褐色、可可味（成品约445克）

★黄油面团	223克
♥低筋面粉	160克
杏仁粉	31克
可可粉	31克

●黄色、南瓜味（成品约265克）

★黄油面团	133克
♥低筋面粉	95克
杏仁粉	19克
南瓜粉	19克

●黑色、黑可可味（成品约105克）

★黄油面团	53克
♥低筋面粉	37克
杏仁粉	7克
黑可可粉	5克
可可粉	3克

●白色、原味（成品约155克）

★黄油面团	78克
♥低筋面粉	63克
杏仁粉	14克

※由于每个人力道大小不同，做出部件的尺寸有所差异，所以配方分量比实际用量略多。

做法

1 用★的材料做成黄油面团（做法参照第48页）。

2 加入♥的材料，做成四色面团。

制作基本部件

※长度均为8厘米。

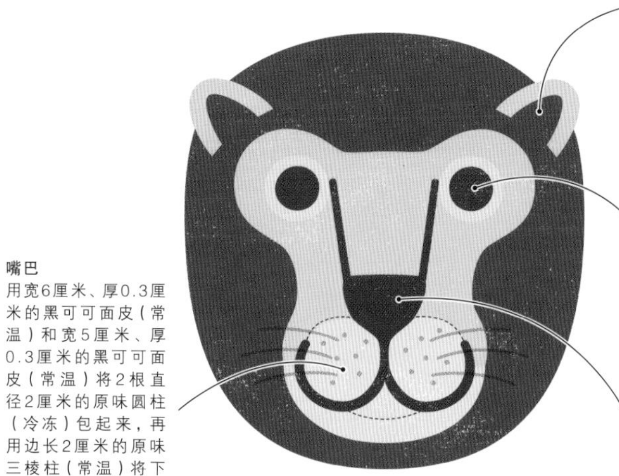

耳朵
以宽5厘米、厚0.5厘米的南瓜面皮（常温）卷边长1.5厘米的可可三棱柱（冷冻）而成的部件2根。

眼睛
在直径1厘米的黑可可圆柱（冷冻）外卷宽5厘米、厚0.2厘米的原味面皮（常温）而成的部件2根。

嘴巴
用宽6厘米、厚0.3厘米的黑可可面皮（常温）和宽5厘米、厚0.3厘米的黑可可面皮（常温）将2根直径2厘米的原味圆柱（冷冻）包起来，再用边长2厘米的原味三棱柱（常温）将下巴部分填满。

鼻子
宽2厘米×高1.5厘米的黑可可三棱柱（冷冻）。

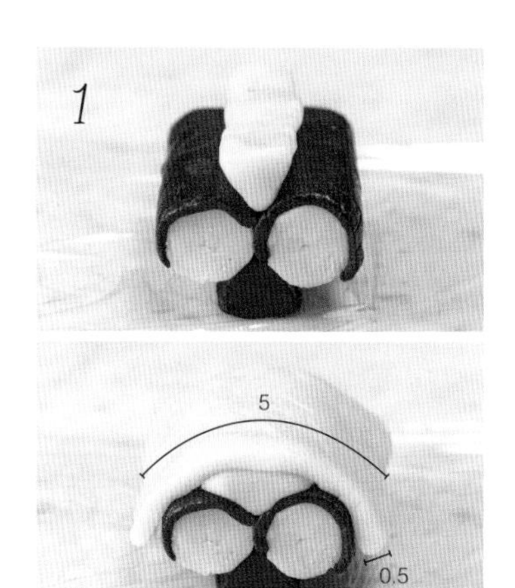

做鼻子和嘴巴部件（做法参照第53页），放上宽5厘米、厚0.5厘米的原味面皮（常温），压实。

⇒冷冻15分钟

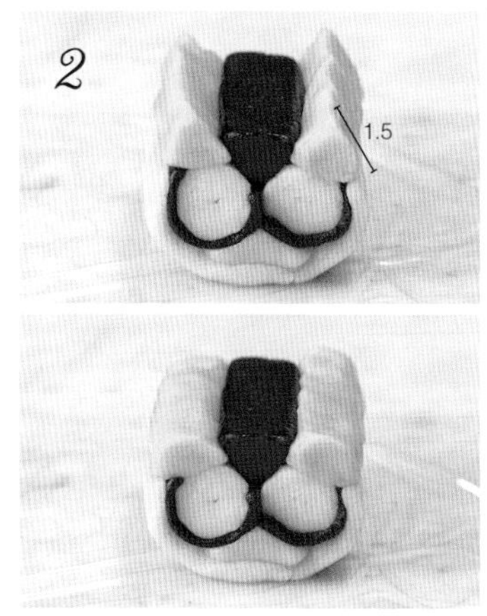

把边长1.5厘米的南瓜三棱柱（常温）放在*1*上，压实后填入空隙。

⇒冷冻15分钟

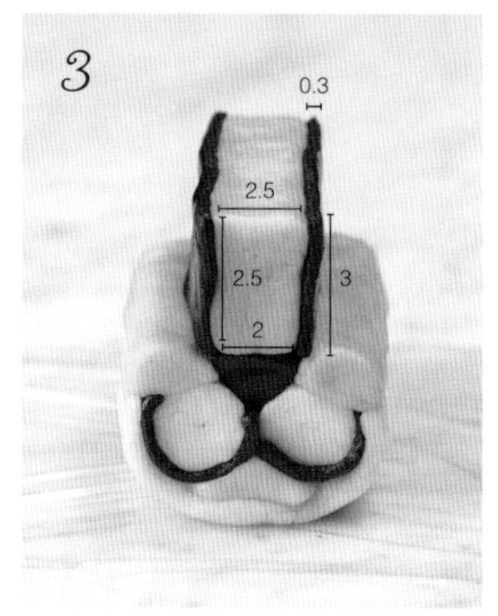

用2片宽3厘米、厚0.3厘米的黑可可面皮（常温）把底边2厘米、上边2.5厘米、高2.5厘米的南瓜梯形面团（冷冻）夹在中间，放在*2*上。⇒冷冻15～20分钟

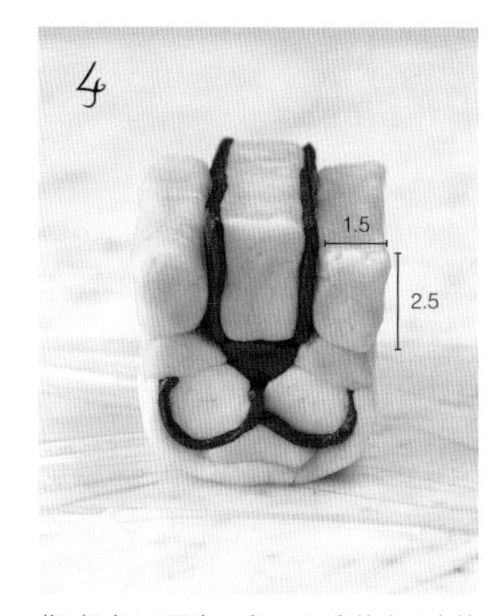

将2根宽1.5厘米、高2.5厘米的南瓜方块（常温）放在*3*上，压实。

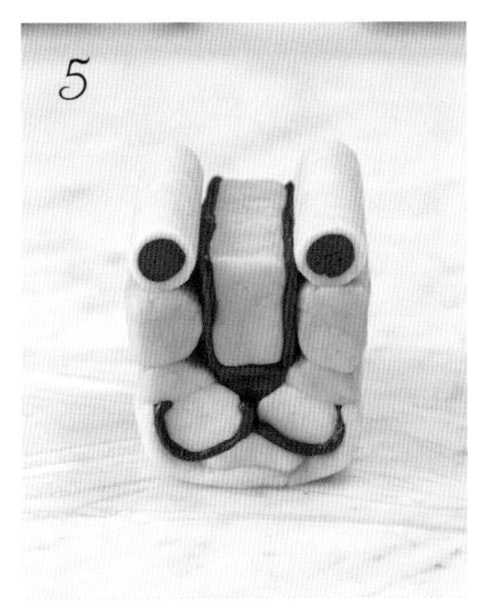

做眼睛部件（做法参照第53页），放在*4*的上，填满空隙。

⇒冷冻15～20分钟

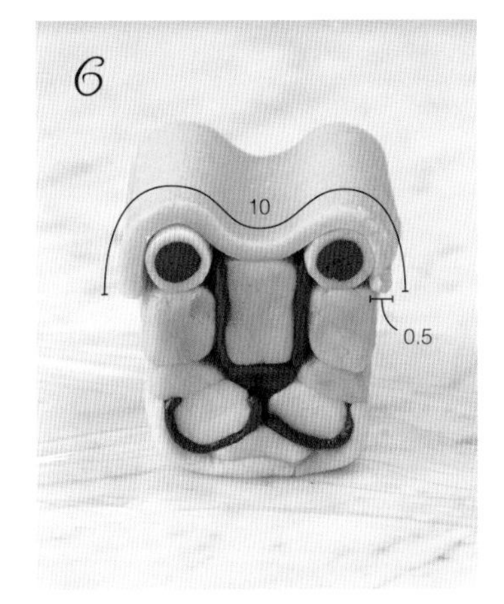

将宽10厘米、厚0.5厘米的南瓜面皮（常温）放在*5*上，压实。

⇒冷冻15分钟

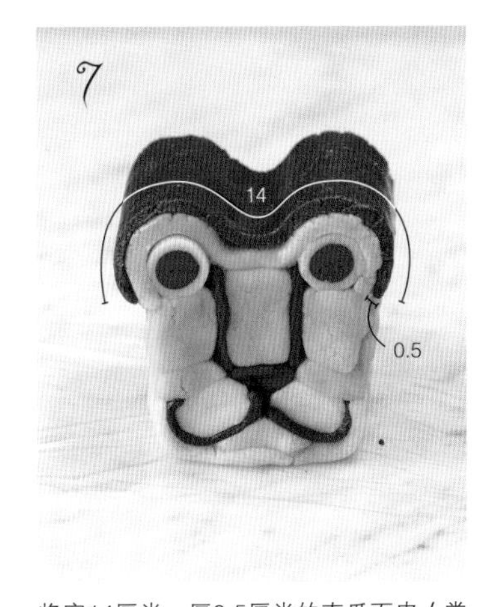

将宽14厘米、厚0.5厘米的南瓜面皮（常温）放在*6*上，压实。

做耳朵部件（做法参照第52页），放在*7*上，压实。

⇒冷冻15～20分钟

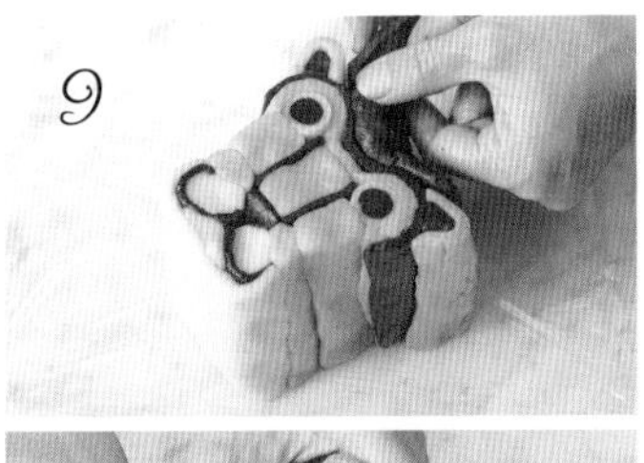

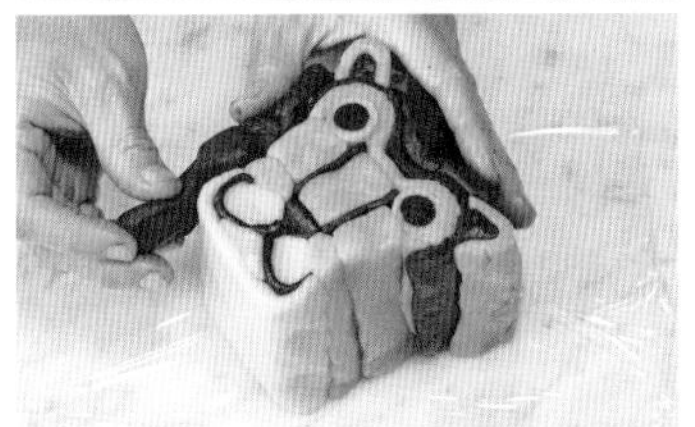

把300克可可面团（常温）不规则地粘在*8*的外围，压实。

完成

将面团不留空隙地贴在*9*的外围，整体整形完成。

⇒冷冻30分钟以上

切成0.7～0.8厘米厚的片，用牙签画出毛孔和胡须，烤箱预热至170℃，烤15分钟左右，再调到160℃，继续烤8～10分钟。

树

只需在年轮饼干上连接1个方块饼干，立刻变身为1棵树。可以和小动物图案饼干搭配在一起。

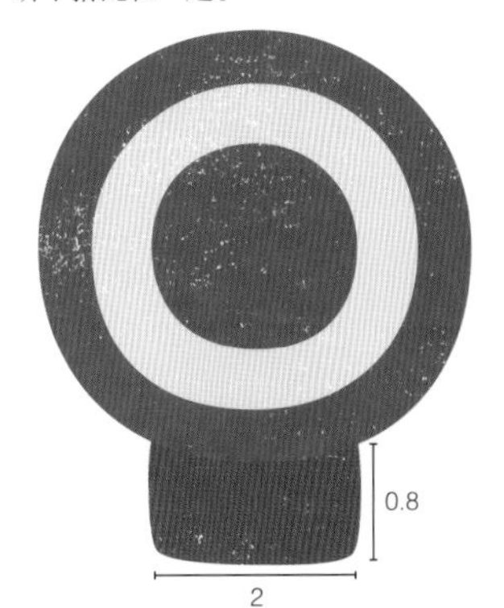

材料

黄油面团（成品约80克）
无盐黄油…………………… 40克
糖粉………………………… 30克
全蛋………………………… 11克
盐…………………………… 1小撮

●绿色、抹茶味（成品约100克）
黄油面团…………………… 50克
低筋面粉…………………… 37克
杏仁粉……………………… 7克
抹茶粉……………………… 6克

●白色、原味（成品约40克）
黄油面团…………………… 20克
低筋面粉…………………… 16克
杏仁粉……………………… 4克

●褐色、可可味（成品约20克）
黄油面团…………………… 10克
低筋面粉…………………… 7克
杏仁粉……………………… 2克
可可粉……………………… 2克

做法

1. 把直径2厘米的抹茶圆柱（冷冻）放在宽8厘米、厚0.5厘米的原味面皮（常温）上，卷起来整形。
2. 用宽11厘米、厚0.5厘米的抹茶面皮（常温）把*1*卷起来。正好卷完1圈后，用小刀把剩余的部分切掉，将切断面揉在一起。
3. 将宽2厘米、高0.8厘米的可可方块（常温）粘在*2*的下面。
4. 切成0.7～0.8厘米厚的片，用牙签画出毛孔和胡须，烤箱预热至170℃，烤15分钟左右，再调到160℃，继续烤3分钟。

※步骤*1*～*2*可以参照第7页“年轮饼干”的做法。

15

考拉

材料

★黄油面团（成品约200克）

- 无盐黄油 …… 100克
- 糖粉 …… 75克
- 全蛋 …… 27克
- 盐 …… 2小撮

●灰色、黑芝麻味（成品约280克）

- ★黄油面团 …… 140克
- ♥低筋面粉 …… 100克
- 杏仁粉 …… 20克
- 碎芝麻（黑）…… 20克
- 黑芝麻酱 …… 1/2小匙

●黑色、黑可可味（成品约60克）

- ★黄油面团 …… 30克
- ♥低筋面粉 …… 21克
- 杏仁粉 …… 4克
- 黑可可粉 …… 3克
- 可可粉 …… 2克

●白色、原味（成品约60克）

- ★黄油面团 …… 30克
- ♥低筋面粉 …… 25克
- 杏仁粉 …… 5克

※由于每个人力道大小不同，做出部件的尺寸有所差异，所以配方分量比实际用量略多。

做法

1 用★的材料做成黄油面团（做法参照第48页）。

2 加入♥的材料，做成三色面团。

制作基本部件

※长度均为8厘米。

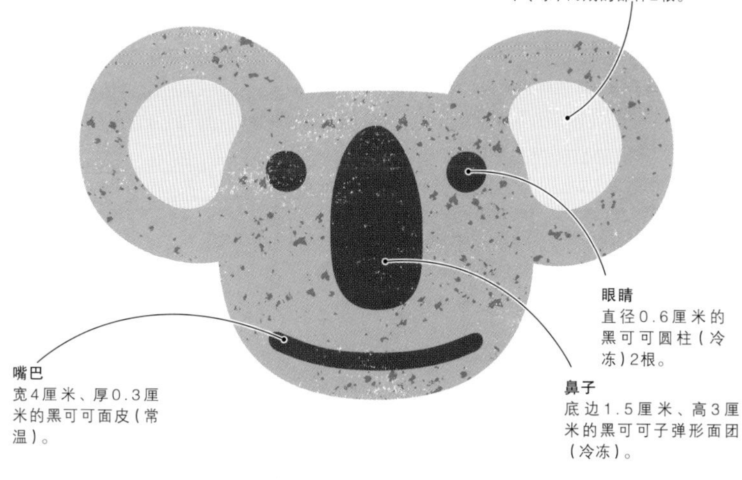

1

把宽4厘米、厚0.3厘米的黑可可面皮（常温）放在宽5厘米、厚0.5厘米的黑芝麻面皮（冷冻）上。

2

把宽4厘米、厚0.5厘米的黑芝麻面皮（常温）放在*1*上。

3

把底边1.5厘米、高3厘米的黑可可子弹形面团（冷冻）放在*2*上。

⇒冷冻15分钟

4

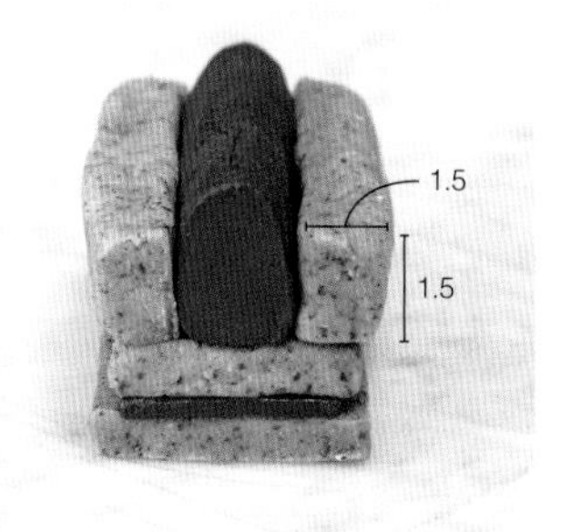

将2个边长1.5厘米的黑芝麻方块（常温）放在*3*上，压实。

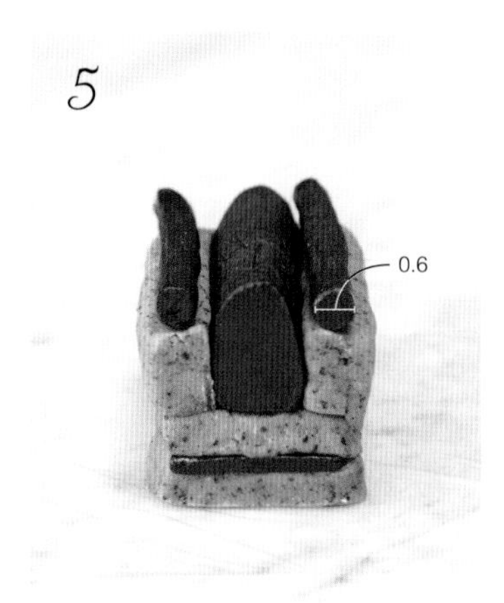

将2根直径0.6厘米的黑可可圆柱（冷冻）放在4上。

⇒冷冻5分钟

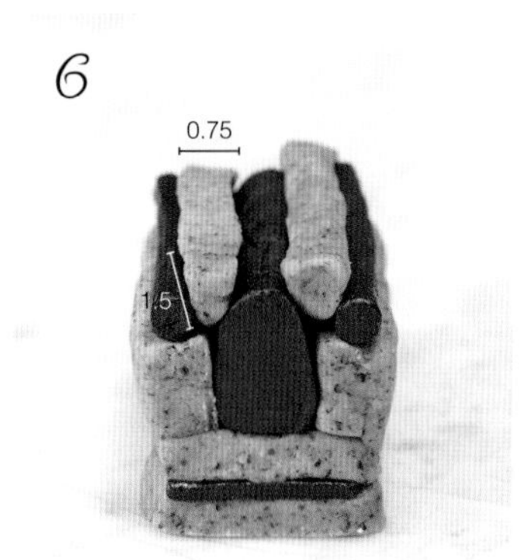

边长1.5厘米的黑芝麻三棱柱（常温）对半切开，放在5的缝隙中，压实。

⇒冷冻5分钟

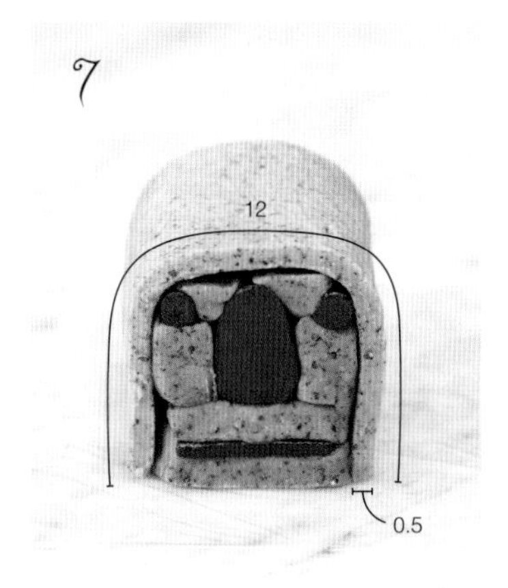

把宽12厘米、厚0.5厘米的黑芝麻面皮（常温）放在6上。

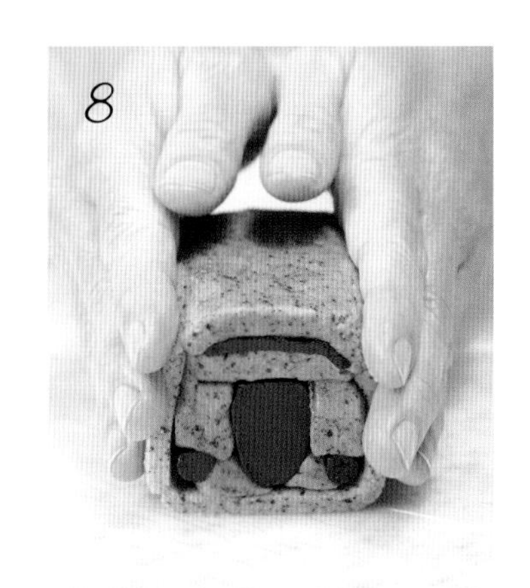

将7倒置，压实，整形。

⇒冷冻15～20分钟

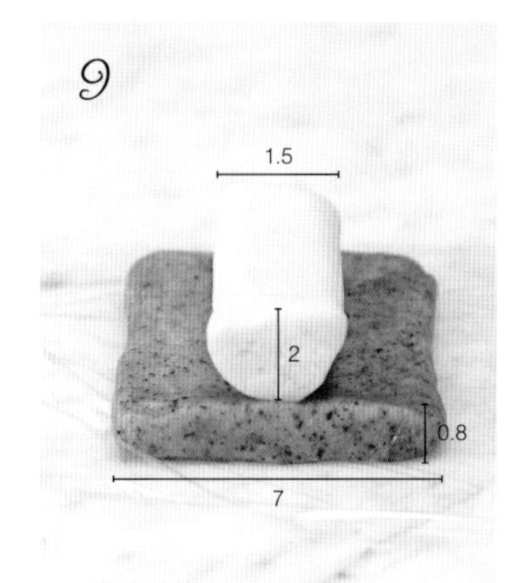

将底边1.5厘米、高2厘米的原味鱼糕形面团拱形面朝下，放在宽7厘米、厚0.8厘米的黑芝麻面皮（常温）上。

慢慢将9卷起来，压实。以同样方法再做1根。

⇒冷冻15分钟

把10粘在8的侧面，用力压实。

⇒冷冻30分钟以上

切成0.7～0.8厘米厚的片，烤箱预热至170℃，烤15分钟左右，再调到160℃，继续烤5～8分钟。

16

猫头鹰

材料

★黄油面团（成品约260克）

无盐黄油	130克
糖粉	99克
全蛋	34克
盐	3小撮

●褐色、可可味（成品约250克）

★黄油面团	125克
♥低筋面粉	90克
杏仁粉	18克
可可粉	17克

●米黄色、豆粉味（成品约160克）

★黄油面团	80克
♥低筋面粉	58克
杏仁粉	11克
豆粉	11克

●黑色、黑可可味（成品约60克）

★黄油面团	30克
♥低筋面粉	21克
杏仁粉	4克
黑可可粉	3克
可可粉	2克

●白色、原味（成品约30克）

★黄油面团	15克
♥低筋面粉	12克
杏仁粉	3克

●黄色、南瓜味（成品约20克）

★黄油面团	10克
♥低筋面粉	7克
杏仁粉	2克
南瓜粉	2克

※由于每个人力道大小不同，做出部件的尺寸有所差异，所以配方分量比实际用量略多。

做法

1 用★的材料做成黄油面团（做法参照第48页）。

2 加入♥的材料，做成五色面团。

制作基本部件

※长度均为8厘米。

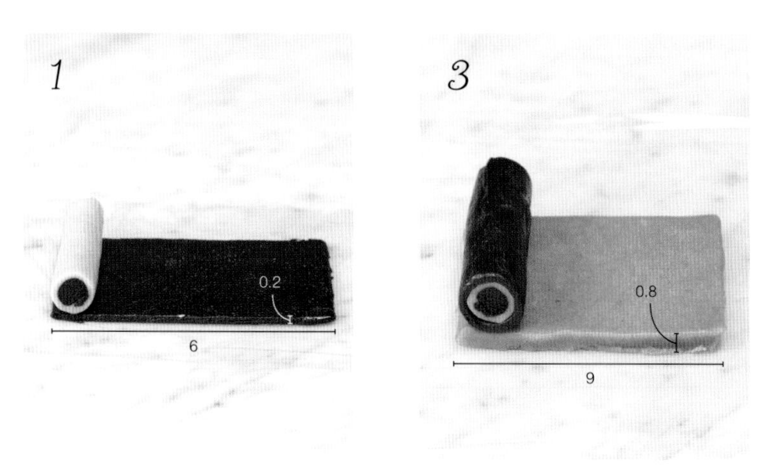

1 做2根眼睛部件（做法参照第53页），用宽6厘米、厚0.2厘米的黑可可面皮（常温）卷起来。

3 用宽9厘米、厚0.8厘米的豆粉面皮（常温）把2卷起来。

1卷完的样子。将连接面压实并整形。

⇒冷冻15分钟

3卷完的样子。将连接面压实并整形。做2根这个部件。

⇒冷冻15分钟

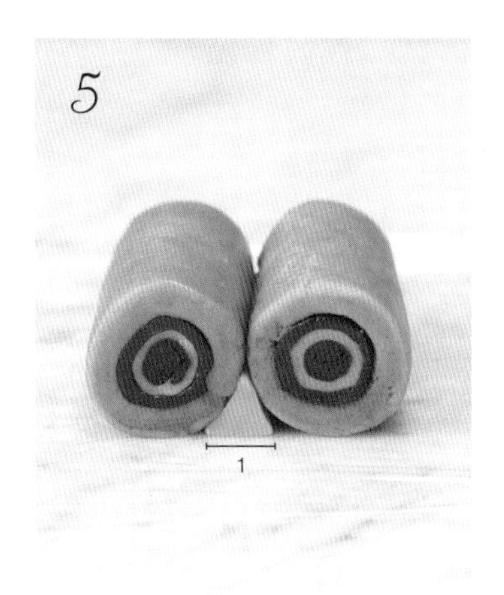

将边长1厘米的南瓜三棱柱（常温）固定在4上，压实。

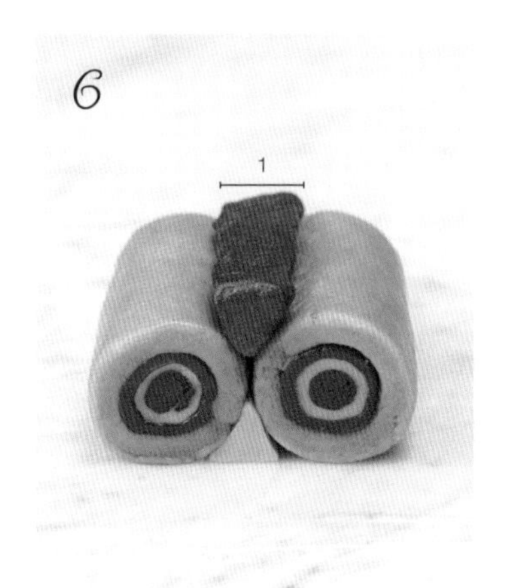

将边长1厘米的可可三棱柱（常温）放在5上。

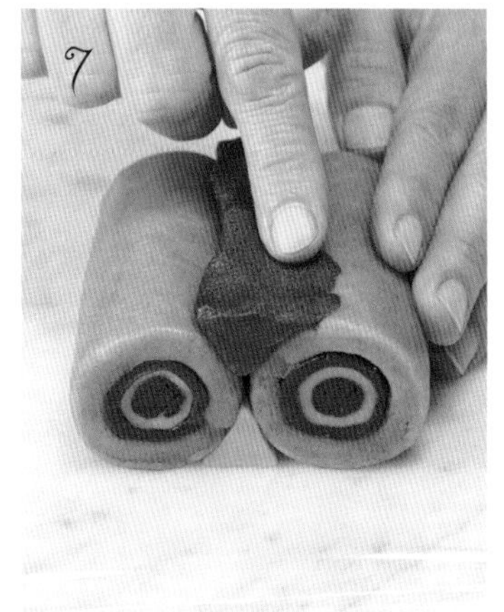

一边用手指压实6，一边延展面团。

⇒冷冻15分钟

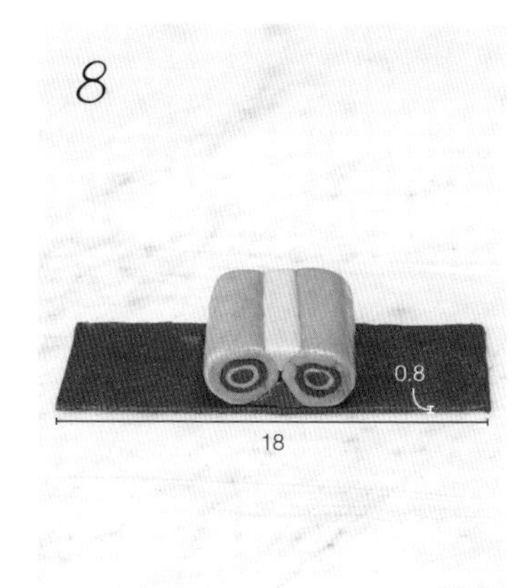

把倒置的7放在宽18厘米、厚0.8厘米的可可面皮上。

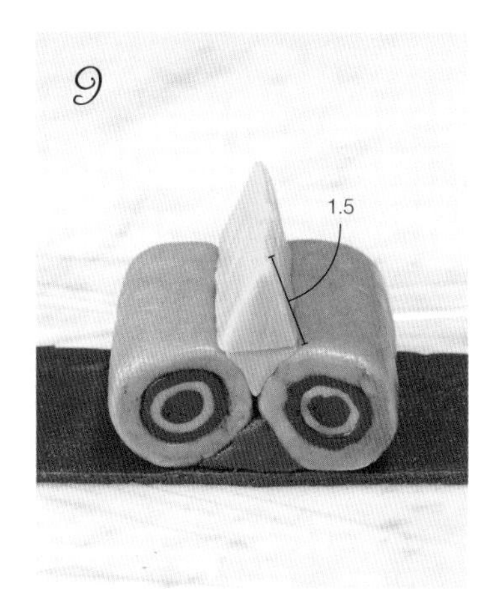

把边长1.5厘米的南瓜三棱柱（冷冻）放在8上，压实。

将9的面团卷起来，压实。

⇒冷冻15～20分钟

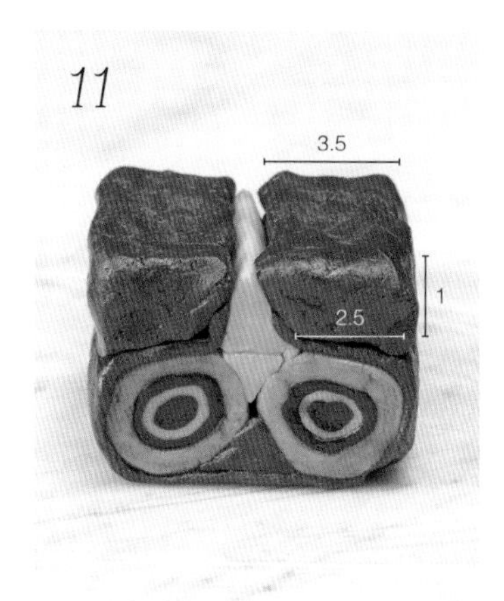

将2根底边3.5厘米、上边2.5厘米、高1厘米的可可梯形面团（常温）放在10上。

压实面团，将11中的面团展开，覆盖住喙的部分，填满空隙。

⇒冷冻15～20分钟

完成

将底边1.5厘米、高1厘米的可可直角三棱柱（冷冻）固定在12的侧面，压实即可。

⇒冷冻30分钟以上

切成0.7～0.8厘米厚的片，用牙签画出纹路，烤箱预热至170℃，烤15分钟左右，再调到160℃，继续烤5～8分钟。

18

白熊

材料

★黄油面团（成品约220克）

无盐黄油……………………………110克
糖粉…………………………………82克
全蛋…………………………………30克
盐……………………………………2小撮

白色、原味（成品约340克）

★黄油面团 ……………………170克
♥低筋面粉 ……………………140克
杏仁粉 …………………………30克

●黑色、黑可可味（成品约70克）

★黄油面团 ………………………35克
♥低筋面粉 ………………………25克
杏仁粉 ……………………………5克
黑可可粉 …………………………4克
可可粉 ……………………………2克

●紫色、紫薯味（成品约20克）

★黄油面团 ………………………10克
♥低筋面粉 ………………………7克
杏仁粉 ……………………………2克
紫薯粉 ……………………………2克

※由于每个人力道大小不同，做出部件的尺寸有所差异，所以配方分量比实际用量略多。

做法

1 用★的材料做成黄油面团（做法参照第48页）。

2 加入♥的材料，做成三色面团。

制作基本部件

※长度均为8厘米。

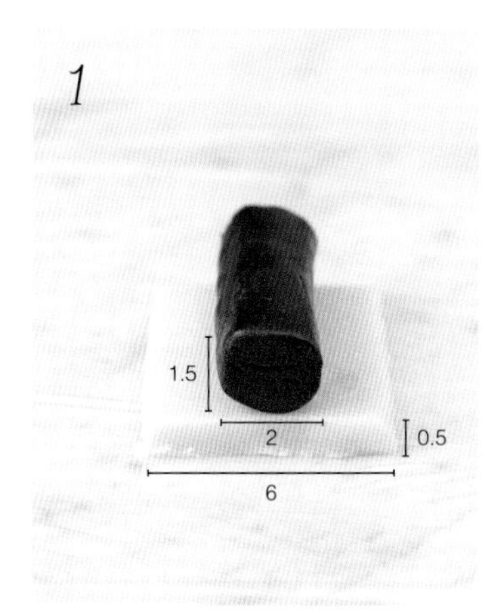

把宽2厘米、高1.5厘米的黑可可圆柱（冷冻）放在宽6厘米、厚0.5厘米的原味面皮（冷冻）上。

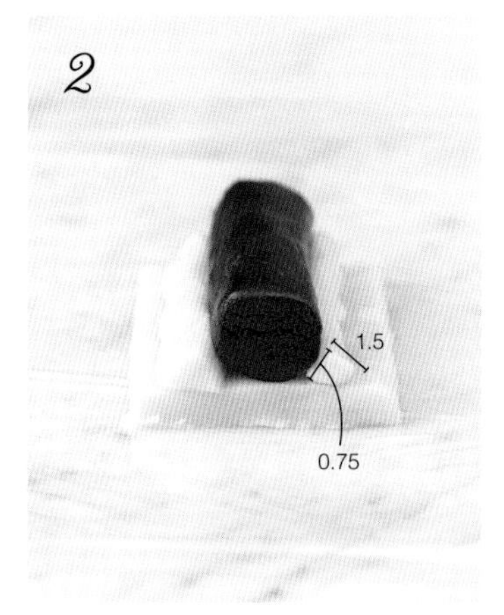

将边长1.5厘米的原味三棱柱（冷冻）对半切开，其中1根放在*1*上，压实，填入空隙。

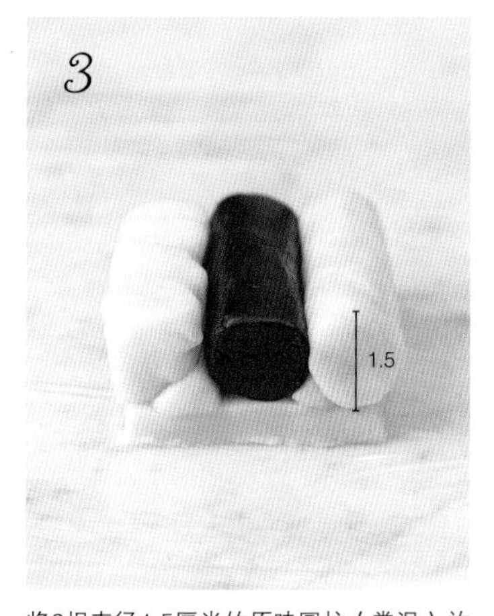

将2根直径1.5厘米的原味圆柱（常温）放在*2*上，压实，填入空隙。

⇒冷冻15分钟

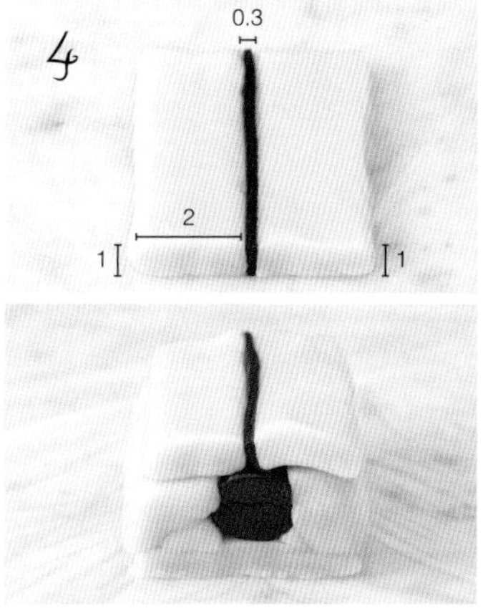

用2片宽2厘米、高1厘米的原味平板形面团（常温）将宽1厘米、厚0.3厘米的黑可可面皮（冷冻）夹在中间，放在*3*上，压实。

⇒冷冻15～20分钟

5

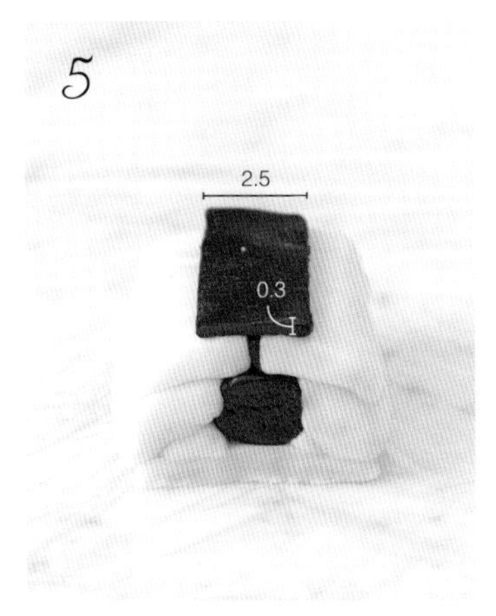

将宽2.5厘米、厚0.3厘米的黑可可面皮（冷冻）放在*4*上。

6

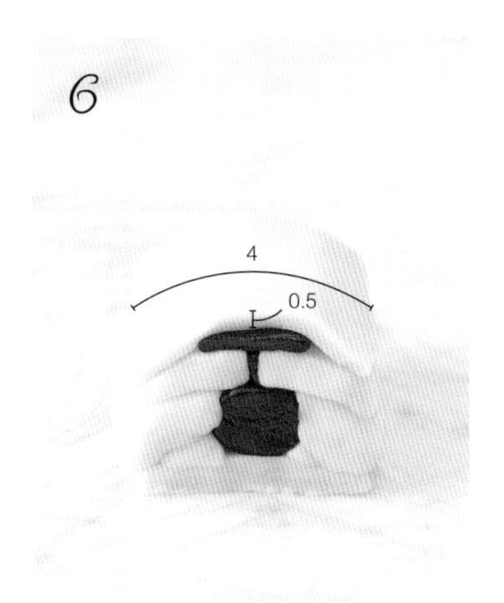

将宽4厘米、厚0.5厘米的原味面皮（常温）放在*5*上，压实。

⇒冷冻15～20分钟

7

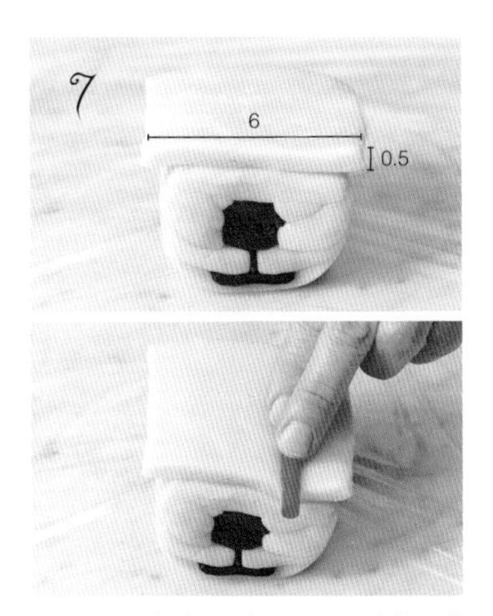

将*6*倒置，将宽6厘米、厚0.5厘米的原味面皮（常温）放在上面，用筷子压2个小坑。

8

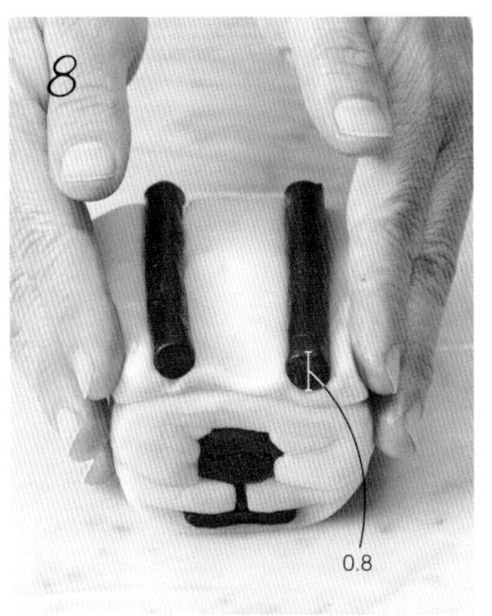

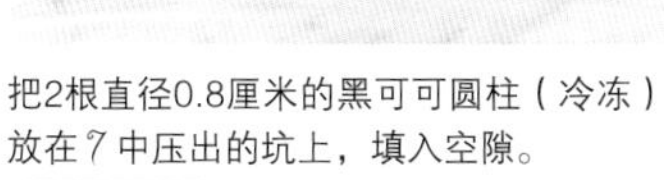

把2根直径0.8厘米的黑可可圆柱（冷冻）放在*7*中压出的坑上，填入空隙。

⇒冷冻15分钟

9

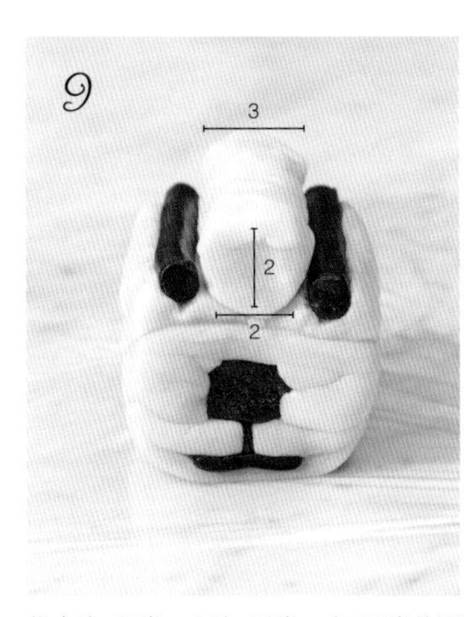

将底边2厘米、上边3厘米、高2厘米的原味梯形面团（常温）放在*8*上。

10

将*9*压实，使面团延展开，覆盖眼睛部件。

⇒冷冻15～20分钟

11

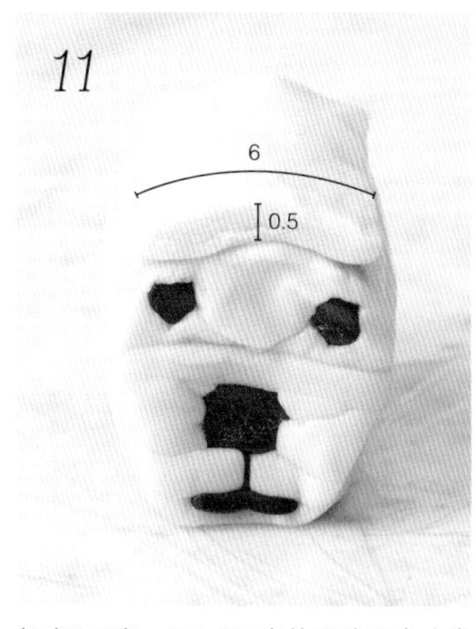

把宽6厘米、厚0.5厘米的原味面皮（常温）放在*10*上，一边整形一边压实。

⇒冷冻15～20分钟

12

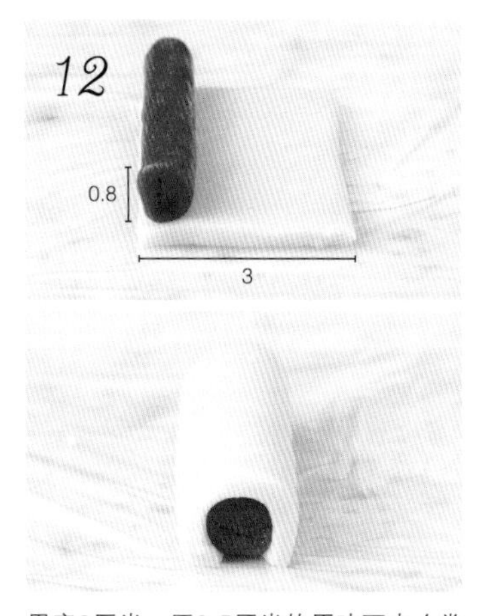

用宽3厘米、厚0.5厘米的原味面皮（常温）把直径0.8厘米的紫薯圆柱（冷冻）卷起来。以此方法做2根。

⇒冷冻5分钟

完成

将*12*牢牢固定在*11*上，压实即可。

⇒冷冻30分钟以上

切成0.7～0.8厘米厚的片，烤箱预热至170℃，烤15分钟左右，再调到160℃，继续烤5～8分钟。

17

企鹅

材料

★黄油面团（成品约260克）

无盐黄油……………………………130克

糖粉……………………………………99克

全蛋……………………………………34克

盐…………………………………… 3小撮

●黑色、黑可可味（成品约280克）

★黄油面团 ……………………… 140克

♥低筋面粉 …………………………98克

杏仁粉…………………………………21克

黑可可粉………………………………14克

可可粉………………………………… 7克

白色、原味（成品约220克）

★黄油面团 ……………………… 110克

♥低筋面粉 …………………………90克

杏仁粉…………………………………20克

黄色、南瓜味（成品约20克）

★黄油面团 …………………………10克

♥低筋面粉 ………………………… 7克

杏仁粉………………………………… 2克

南瓜粉………………………………… 2克

※由于每个人力道大小不同，做出部件的尺寸有所差异，所以配方分量比实际用量略多。

做法

1 用★的材料做成黄油面团（做法参照第48页）。

2 加入♥的材料，做成三色面团。

制作基本部件

※长度均为8厘米。

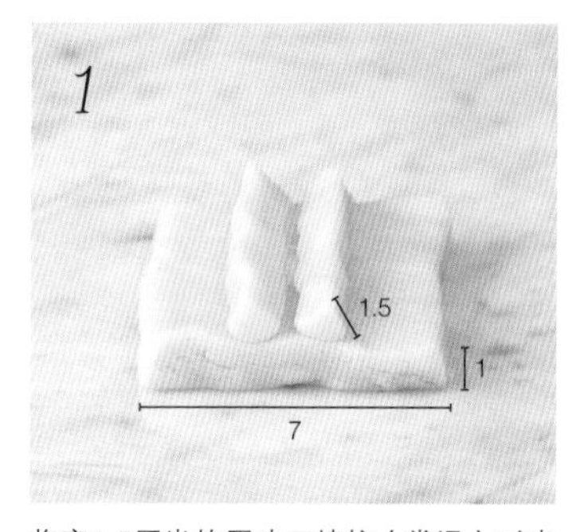

将宽1.5厘米的原味三棱柱（常温）对半切开，放在宽7厘米、厚1厘米的原味面皮（冷冻）上。

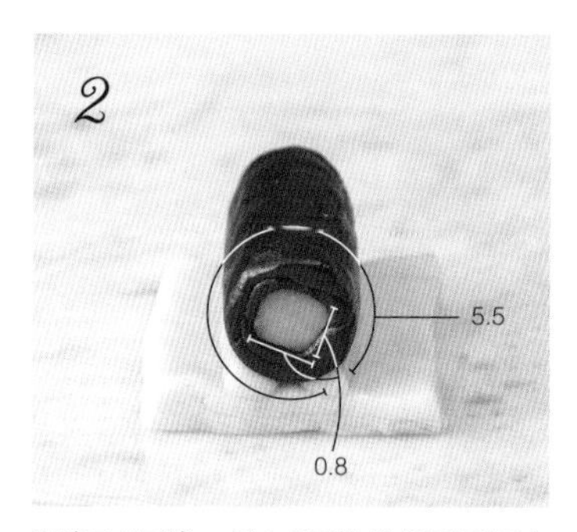

用宽5.5厘米、厚0.8厘米的黑可可面皮（常温）把边长0.8厘米的南瓜长方体（冷冻）卷起来，放在1上，压实。

⇒冷冻15～20分钟

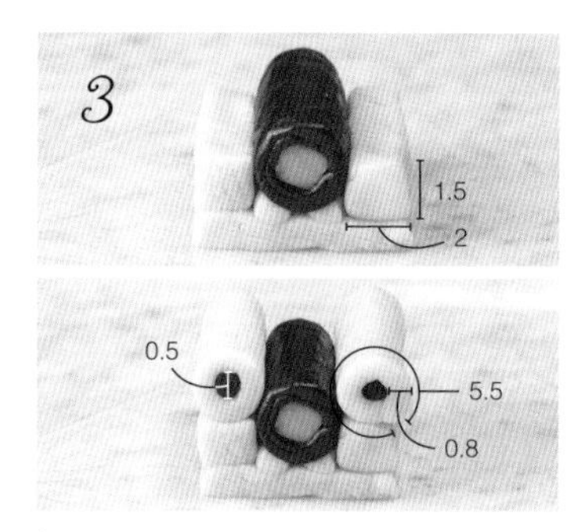

把2根底边2厘米、高1.5厘米的原味长方体（常温）放在2上，压实，再用宽5.5厘米、厚0.8厘米的原味面皮（常温）将直径0.5厘米的黑可可圆柱（冷冻）卷起来，放在原味长方体的上面。

⇒冷冻15～20分钟

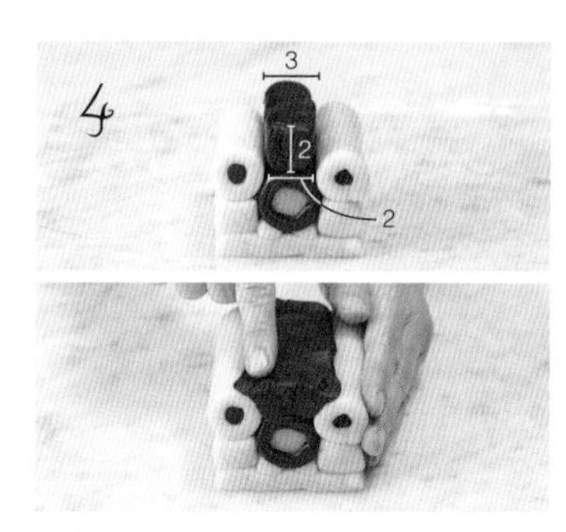

将底边2厘米、上边3厘米、高2厘米的黑可可梯形面团（常温）放在3上，展开面团并压实。

⇒冷冻15～20分钟

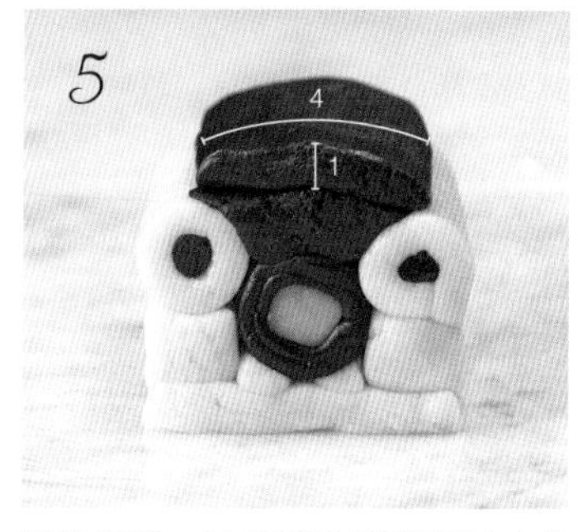

把宽4厘米、厚1厘米的黑可可面皮（常温）放在4上，整形。

完成

将宽19厘米、厚0.5厘米的黑可可面皮（常温）放在5上，压实整形即可。

⇒冷冻30分钟以上

切成0.7～0.8厘米厚的片，用牙签画出嘴上的横线，烤箱预热至170℃，烤15分钟左右，再调到160℃，继续烤5～8分钟。

19

假面摔跤手

（面罩）

材料

★黄油面团（成品约220克）

无盐黄油	110克
糖粉	82克
全蛋	30克
盐	2小撮

●紫色、紫薯味（成品约260克）

★黄油面团	130克
♥低筋面粉	94克
杏仁粉	18克
紫薯粉	18克

●黄色、南瓜味（成品约130克）

★黄油面团	65克
♥低筋面粉	47克
杏仁粉	9克
南瓜粉	9克

●黑色、黑可可味（成品约55克）

★黄油面团	23克
♥低筋面粉	16克
杏仁粉	3克
黑可可粉	11克

※由于每个人力道大小不同，做出部件的尺寸有所差异，所以配方分量比实际用量略多。

做法

1 用★的材料做成黄油面团（做法参照第48页）。

2 加入♥的材料，做成三色面团。

制作基本部件

※长度均为8厘米。

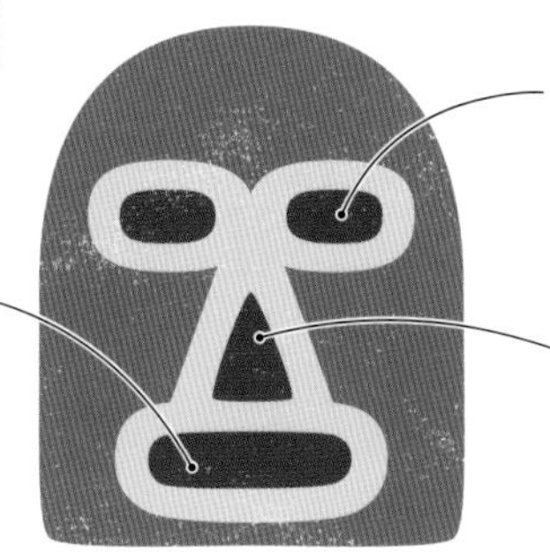

眼睛
以宽5.5厘米、厚0.5厘米的南瓜面皮（常温）卷底边1.2厘米、高0.5厘米的黑可可椭圆柱（冷冻）而成的部件2根。

嘴巴
以宽7.5厘米、厚0.5厘米的南瓜面皮（常温）卷宽3厘米、高0.5厘米的黑可可椭圆柱（冷冻）而成的部件。

鼻子
以宽5厘米、厚0.5厘米的南瓜面皮（常温）卷边长1厘米的黑可可三棱柱（冷冻）而成的部件。

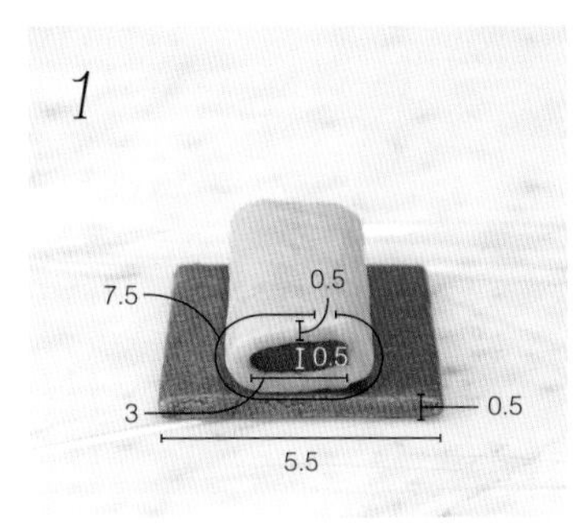

以宽7.5厘米、厚0.5厘米的南瓜面皮（常温）将宽3厘米、高0.5厘米的黑可可椭圆柱（冷冻）卷起来，放在宽5.5厘米、厚0.5厘米的紫薯面皮上。⇒冷冻5分钟

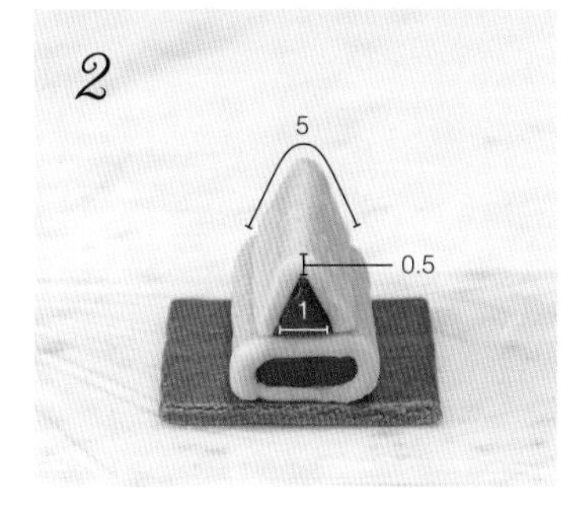

用宽5厘米、厚0.5厘米的南瓜面皮（常温）把边长1厘米的黑可可三棱柱（冷冻）卷起来，放在*1*上。

⇒冷冻5分钟

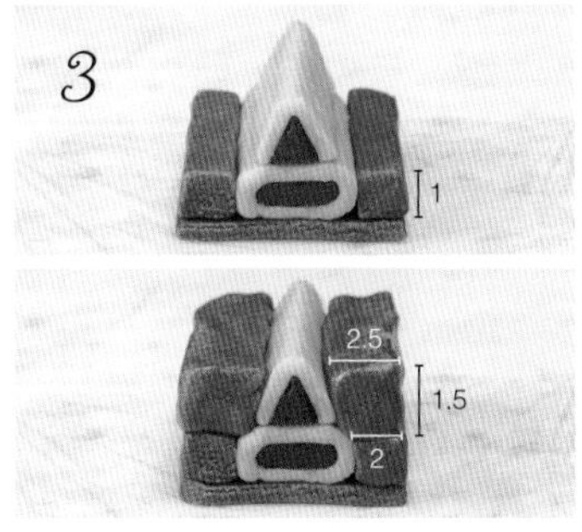

将2根边长1厘米的紫薯长方体面团（常温）和底边2厘米、上边2.5厘米、高1.5厘米的紫薯梯形面团（常温）按顺序放在*2*上，压实。

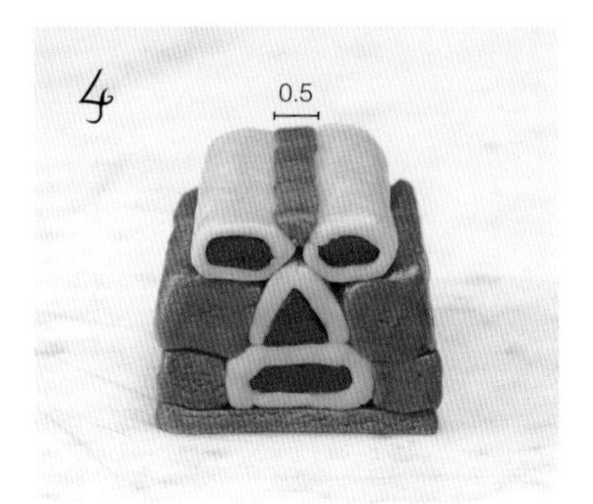

把2根眼睛部件（做法参照第53页）放在*3*上，用边长0.5厘米的南瓜三棱柱（常温）填满空隙并压实。⇒冷冻15～20分钟

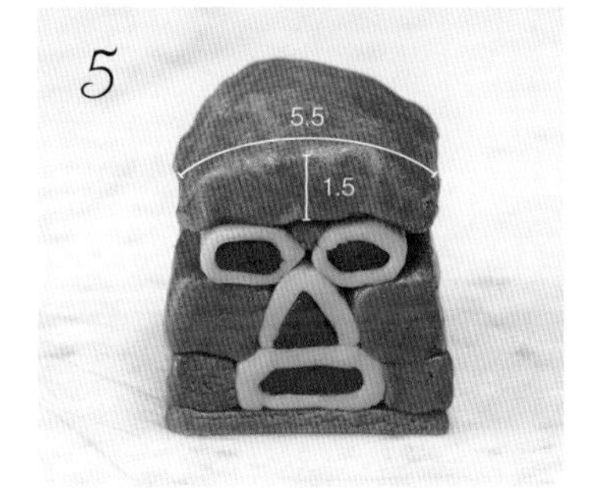

将底边宽5.5厘米、高1.5厘米的紫薯鱼糕形面团（常温）放在*4*上。

完成

将*5*的面团延展开，填入空隙，整形即可完成。⇒冷冻30分钟以上

切成0.7～0.8厘米厚的片，烤箱预热至170℃，烤15分钟左右，再调到160℃，继续烤5～8分钟。

19

假面摔跤手

（半面）

材料

★黄油面团（成品约180克）

无盐黄油……………………………90克

糖粉…………………………………68克

全蛋…………………………………24克

盐…………………………………… 2小撮

●绿色、抹茶味（成品约155克）

★黄油面团 ……………………78克

♥低筋面粉 ……………………57克

杏仁粉……………………………11克

抹茶粉…………………………… 9克

●黄色、南瓜味（成品约155克）

★黄油面团 ……………………78克

♥低筋面粉 ……………………56克

杏仁粉 …………………………11克

南瓜粉 …………………………11克

●黑色、黑可可味（成品约25克）

★黄油面团 ……………………13克

♥低筋面粉 …………………… 9克

杏仁粉…………………………… 2克

黑可可粉………………………… 2克

●紫色、紫薯味（成品约20克）

★黄油面团 ……………………10克

♥低筋面粉 …………………… 7克

杏仁粉 ………………………… 2克

紫薯粉 ………………………… 2克

※由于每个人力道大小不同，做出部件的尺寸有所差异，所以配方分量比实际用量略多。

做法

1 用★的材料做成黄油面团（做法参照第48页）。

2 加入♥的材料，做成四色面团。

制作基本部件

※长度均为8厘米。

右眼
以宽4厘米、厚0.3厘米的南瓜面皮（常温）卷宽1厘米、高0.8厘米的黑可可圆柱（冷冻）而成的部件。

嘴巴
以宽5厘米、厚0.3厘米的紫薯面皮（常温）卷宽1.5厘米、高0.5厘米的黑可可椭圆柱（冷冻）而成的部件。

左眼
以宽4厘米×厚0.3厘米的抹茶面皮（常温）卷宽1厘米×高0.8厘米的黑可可圆柱（冷冻）而成的部件。

做2块宽3厘米、厚1厘米的抹茶、南瓜面皮（冷冻）。

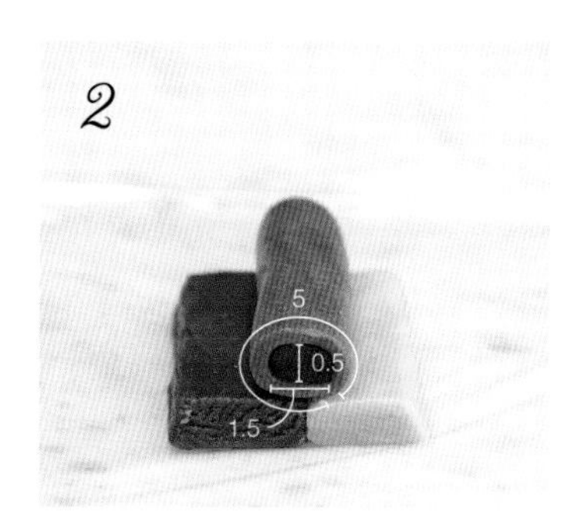

将1拼在一起，用宽5厘米、厚0.3厘米的紫薯面皮（常温）把宽1.5厘米、高0.5厘米的黑可可椭圆柱（冷冻）卷起来，放在拼好的面团上。⇒冷冻5分钟

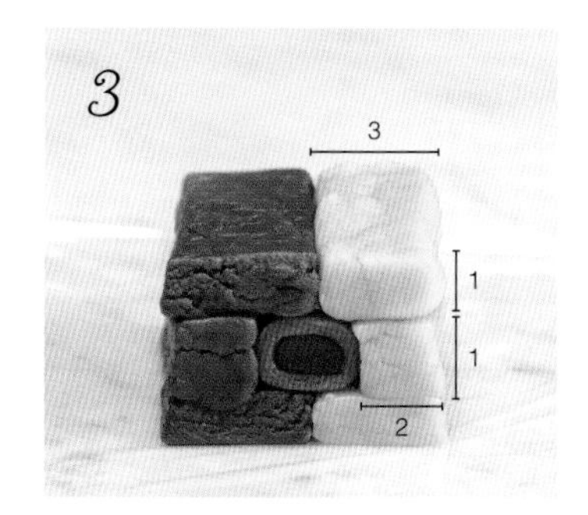

把宽2厘米、高1厘米的抹茶和南瓜长方体（常温）以及宽3厘米、厚1厘米的抹茶和南瓜面皮（常温）放在2上压实。

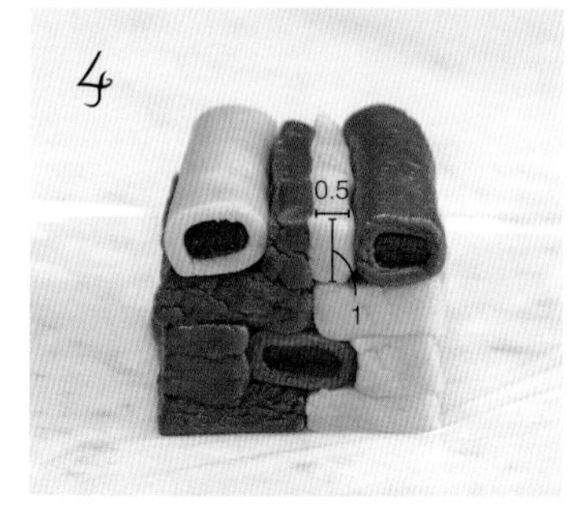

做2根眼睛部件（做法参照第53页）和宽0.5厘米、高1厘米的抹茶和南瓜长方体（常温），放在3上，压实。

⇒冷冻15～20分钟

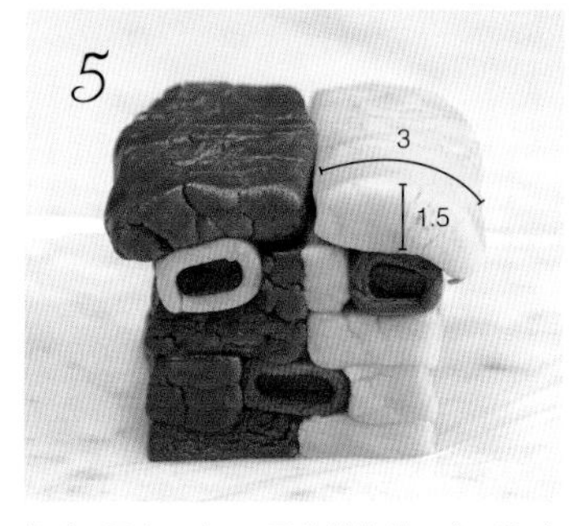

把宽3厘米、高1.5厘米的抹茶、南瓜银杏叶形面团（常温）放在4上。

完成

一边将5的面团延展开一边压实，覆盖眼睛旁边。整形即可完成。

⇒冷冻30分钟以上

切成0.7～0.8厘米厚的片，烤箱预热至170℃，烤15分钟左右，再调到160℃，继续烤5～8分钟。

19

假面摔跤手

（三角）

材料

★黄油面团（成品约155克）

无盐黄油	78克
糖粉	59克
全蛋	20克
盐	1小撮

白色、原味（成品约220克）

★黄油面团	110克
♥低筋面粉	90克
杏仁粉	20克

红色、覆盆子味（成品约70克）

★黄油面团	35克
♥低筋面粉	26克
杏仁粉	5克
覆盆子粉	4克

●黑色、黑可可味（成品约20克）

★黄油面团	10克
♥低筋面粉	7克
杏仁粉	2克
黑可可粉	2克

※由于每个人力道大小不同，做出部件的尺寸有所差异，所以配方分量比实际用量略多。

做法

1 用★的材料做成黄油面团（做法参照第48页）。

2 加入♥的材料，做成三色面团。

制作基本部件

※长度均为8厘米。

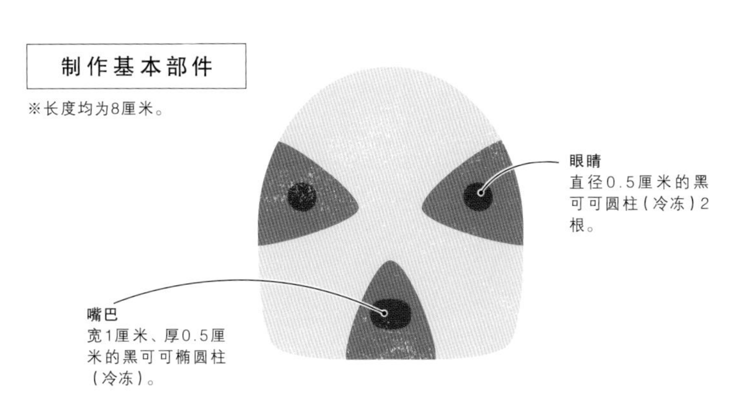

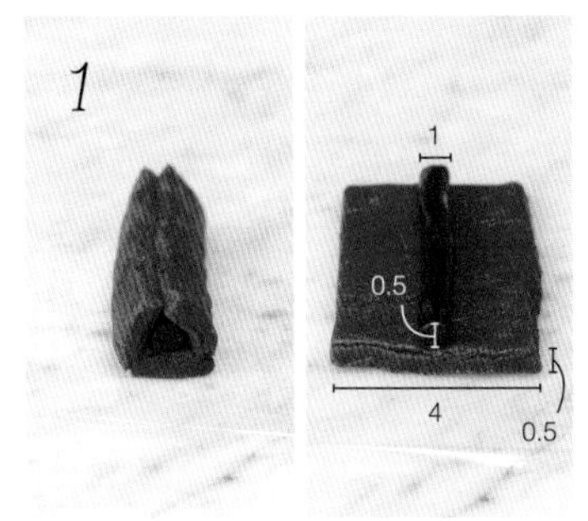

用宽4厘米、厚0.5厘米的覆盆子面皮（常温）把宽1厘米、高0.5厘米的黑可可椭圆柱（冷冻）卷起来，形成三角形，将整体压实。 ⇒冷冻15分钟

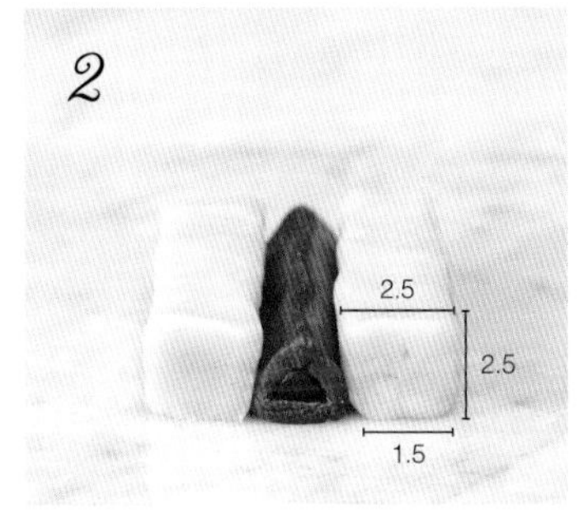

将2块底边1.5厘米、上边2.5厘米、高2.5厘米的原味梯形面团摆在 *1* 的旁边，压实。

⇒冷冻15分钟

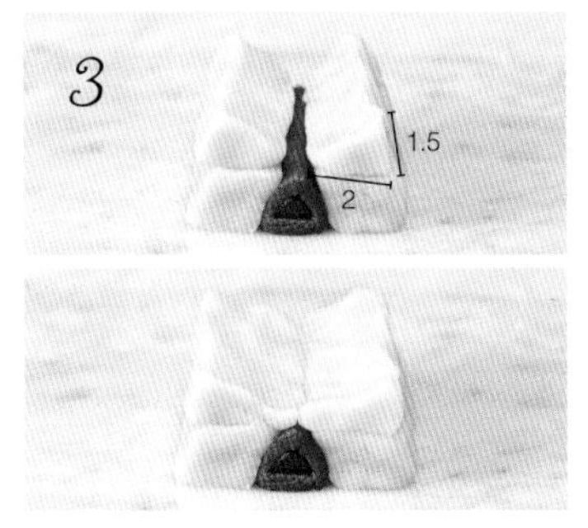

将2块底边2厘米、高1.5厘米的原味三棱柱（常温）放在 *2* 上，压实。

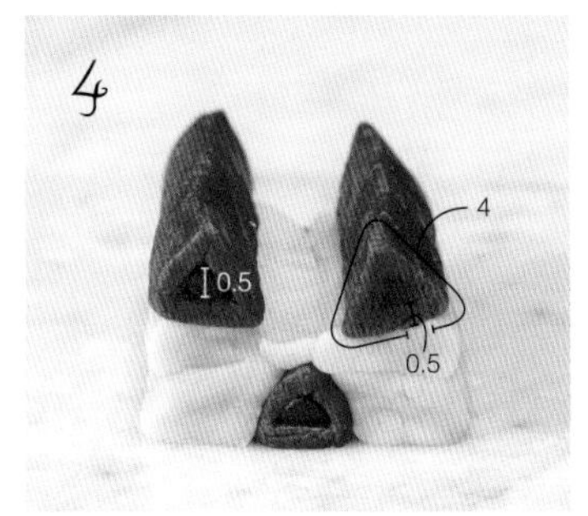

用2块宽4厘米、厚0.5厘米的覆盆子味面皮把2根直径0.5厘米的黑可可圆柱（冷冻）卷起来，形成三角形后冷冻15分钟，放在 *3* 上。 ⇒冷冻15分钟

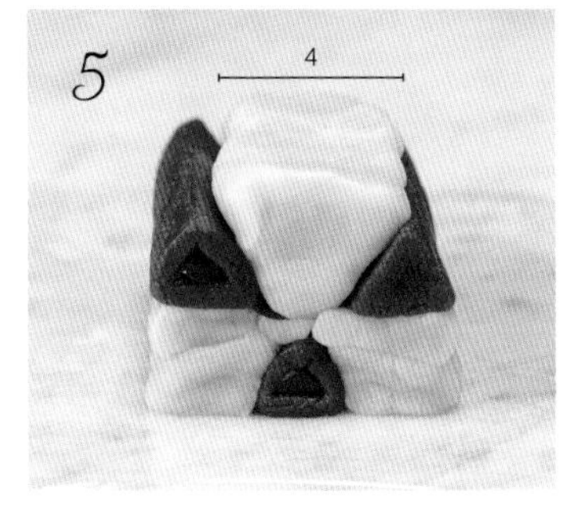

将边长4厘米的原味银杏叶形面团（常温）放在 *4* 上。

将 *5* 压实，整形即可完成。

⇒冷冻30分钟以上

切成0.7～0.8厘米厚的片，烤箱预热至170℃，烤15分钟左右，再调到160℃，继续烤5～8分钟。

蛋糕

材料

★黄油面团（成品约175克）

无盐黄油	86克
糖粉	66克
全蛋	23克
盐	2小撮

●褐色、可可味（成品约255克）

★黄油面团	128克
♥低筋面粉	92克
杏仁粉	18克
可可粉	18克

●白色、原味（成品约65克）

★黄油面团	33克
♥低筋面粉	27克
杏仁粉	6克

●粉红色、草莓味（成品约25克）

★黄油面团	13克
♥低筋面粉	9克
杏仁粉	2克
草莓粉	2克

※由于每个人力道大小不同，做出部件的尺寸有所差异，所以配方分量比实际用量略多。

做法

1 用★的材料做成黄油面团（做法参照第48页）。

2 加入♥的材料，做成三色面团。

制作基本部件

※长度均为8厘米。

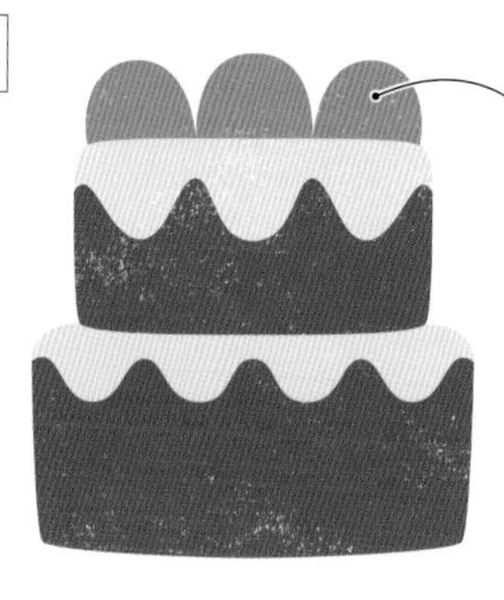

草莓
直径0.6厘米的草莓圆柱（冷冻）3根。

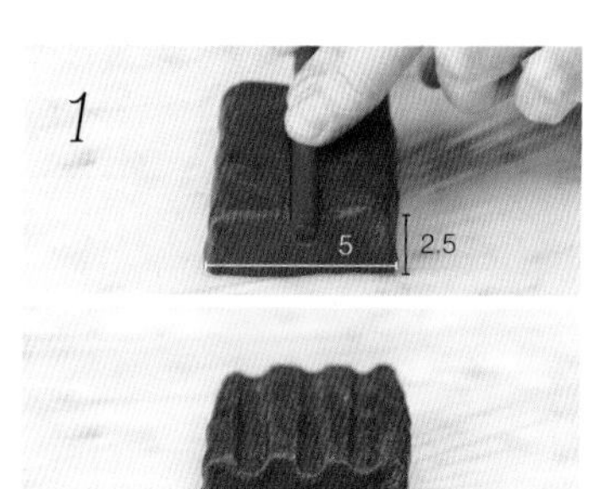

用筷子在宽5厘米、高2.5厘米的可可长方体（常温）上压出3个小坑。

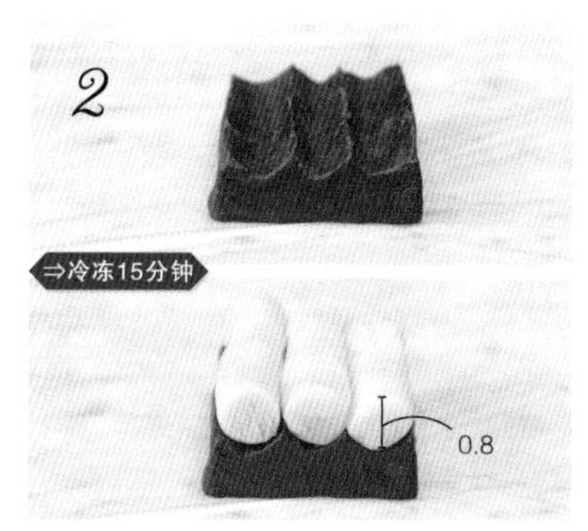

给 *1* 的小坑整形，做7个直径0.8厘米的原味圆柱（常温），将其中3个放入小坑中。

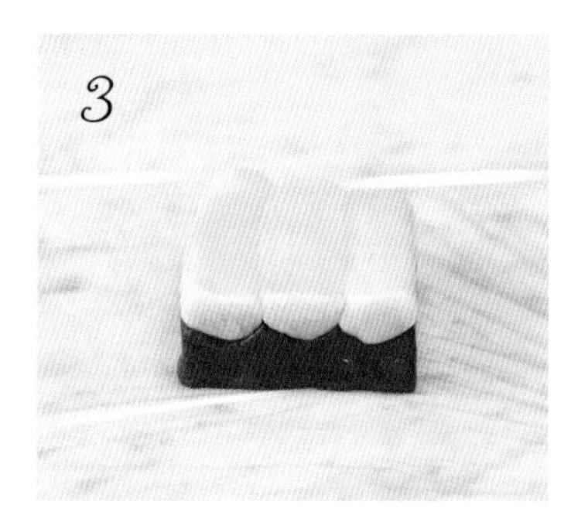

将 *2* 压实，把上表面按压平整。

⇒冷冻15分钟

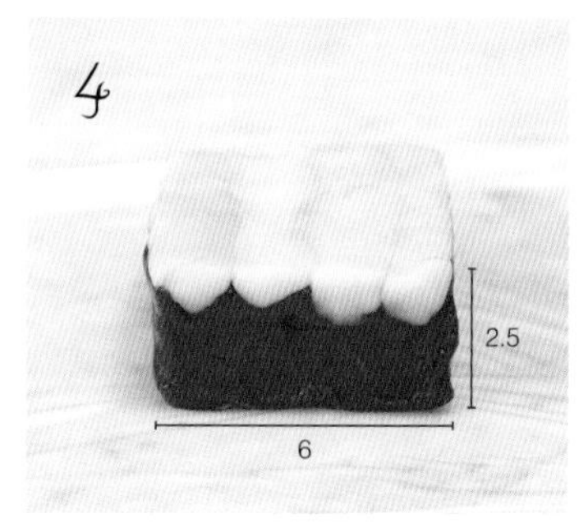

把宽6厘米、高2.5厘米的可可长方体（常温）按照 *1*～*3* 操作，将剩余部件装入小坑中，整理平滑。

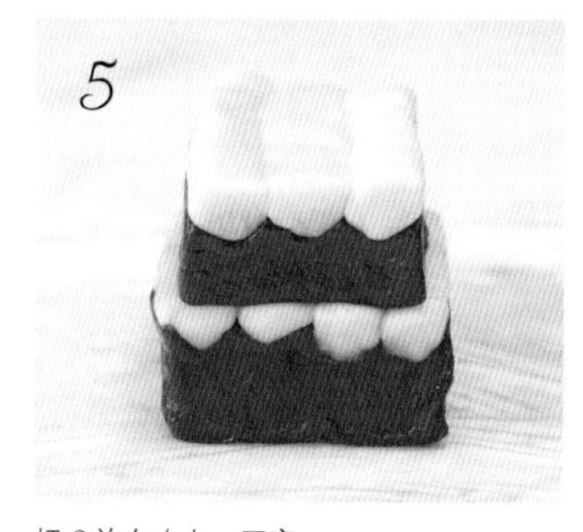

把 *3* 放在 *4* 上，压实。

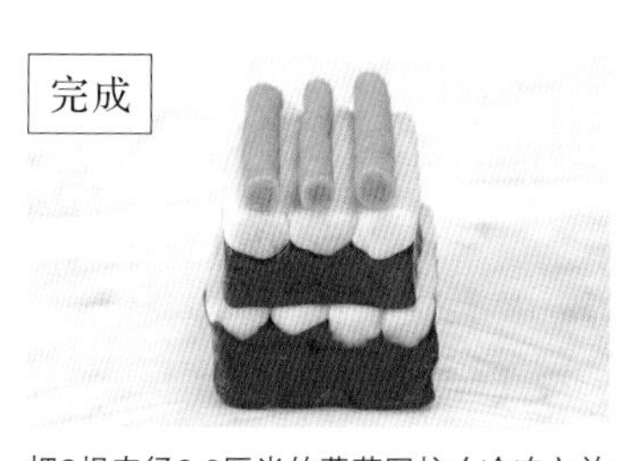

把3根直径0.6厘米的草莓圆柱（冷冻）放在 *5* 上，压实完成。

⇒冷冻30分钟

切成0.7～0.8厘米厚的片，烤箱预热至170℃，烤15分钟左右，再调到160℃，继续烤5～8分钟。

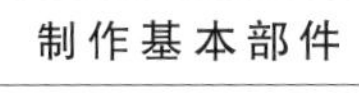

制作基本部件

※长度均为8厘米。

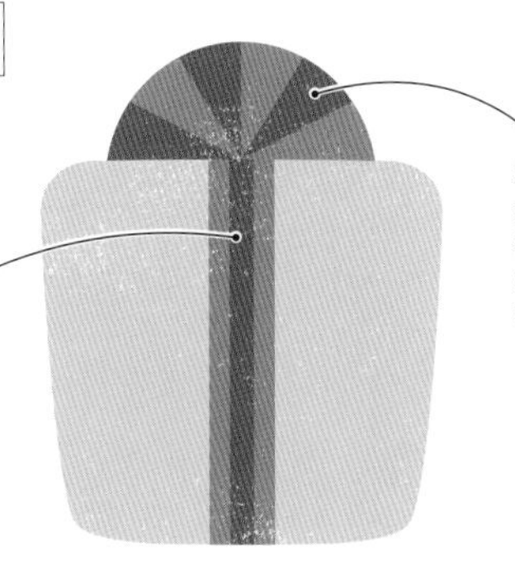

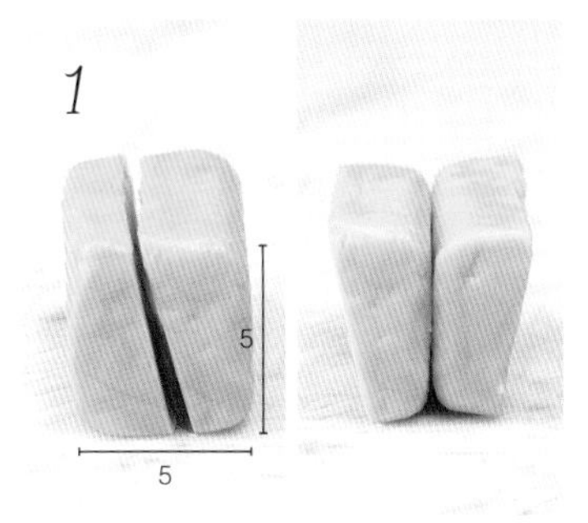

用小刀倾斜下刀，切开边长5厘米的南瓜长方体（常温），将其中1块反向放好。

⇒冷冻15分钟

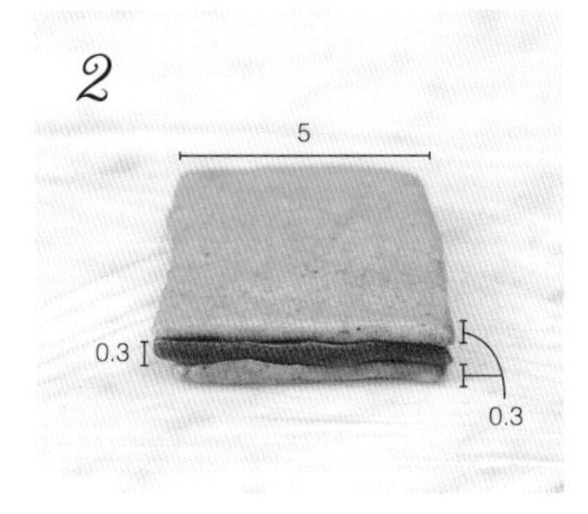

用2块宽5厘米、厚0.3厘米的草莓面皮（冷冻）把宽5厘米、厚0.3厘米的紫薯面皮（冷冻）夹在中间。

用1将2夹起来，压实，整形。

⇒冷冻15～20分钟

分别用小刀将边长1.5厘米的紫薯、草莓三棱柱（冷冻）对半切开，每种颜色使用3根。

将4的部件颜色交叉重叠，压实。

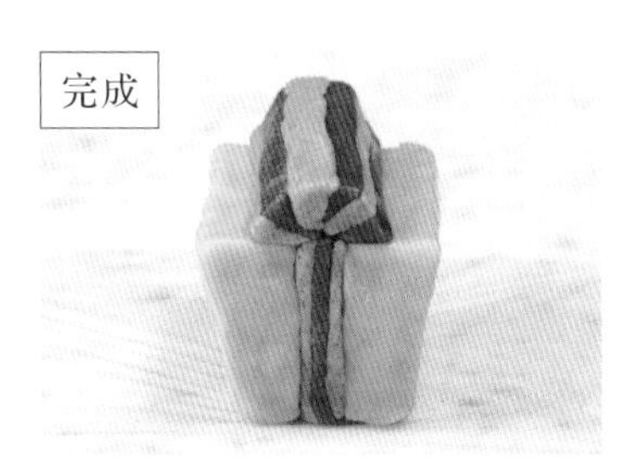

将5放在3上，压实即可。

⇒冷冻30分钟以上

切成0.7～0.8厘米厚的片，烤箱预热至170℃，烤15分钟左右，再调到160℃，继续烤5～8分钟。

21 礼物

材料

★黄油面团（成品约220克）

无盐黄油	110克
糖粉	82克
全蛋	30克
盐	2小撮

●黄色、南瓜味（成品约320克）

★黄油面团	160克
♥低筋面粉	115克
杏仁粉	23克
南瓜粉	23克

●粉红色、草莓味（成品约70克）

★黄油面团	35克
♥低筋面粉	25克
杏仁粉	5克
草莓粉	6克

●紫色、紫薯味（成品约50克）

★黄油面团	25克
♥低筋面粉	18克
杏仁粉	4克
紫薯粉	3克

※由于每个人力道大小不同，做出部件的尺寸有所差异，所以配方分量比实际用量略多。

做法

1 用★的材料做成黄油面团（做法参照第48页）。

2 加入♥的材料，做成三色面团。

22

南瓜

材料

★黄油面团（成品约255克）

无盐黄油…………………………128克
糖粉…………………………………97克
全蛋…………………………………33克
盐…………………………………3小撮

●黄色（●紫色）、南瓜（紫薯）味（成品约330克）

★黄油面团 ……………………165克
♥低筋面粉 ……………………119克
杏仁粉……………………………23克
南瓜粉（紫薯粉）………………23克

●黑色、黑可可味（成品约150克）

★黄油面团 ………………………75克
♥低筋面粉 ………………………53克
杏仁粉……………………………10克
黑可可粉…………………………8克
可可粉……………………………4克

●绿色、抹茶味（成品约25克）

★黄油面团 ………………………13克
♥低筋面粉 ………………………9克
杏仁粉……………………………2克
抹茶粉……………………………2克

※由于每个人力道大小不同，做出部件的尺寸有所差异，所以配方分量比实际用量略多。

做法

1 用★的材料做成黄油面团（做法参照第48页）。
2 加入♥的材料，做成三色面团。

制作基本部件

※长度均为8厘米。

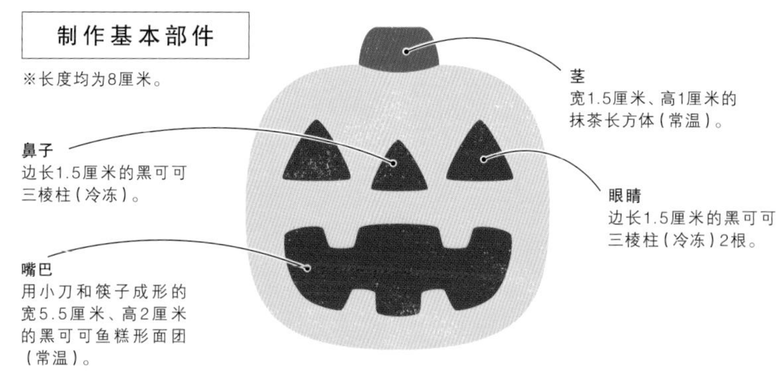

1

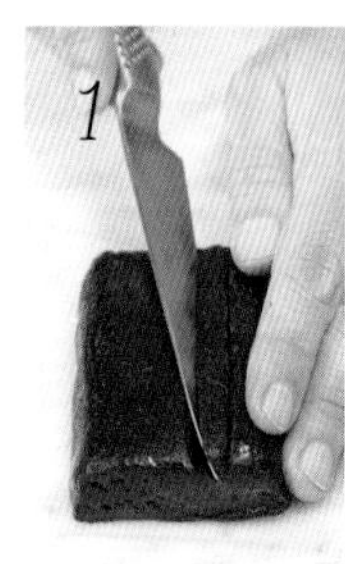

用小刀在宽5.5厘米、高2厘米的黑可可鱼糕形面团（常温）的上下各切出2个口，用筷子压成长方形。

2

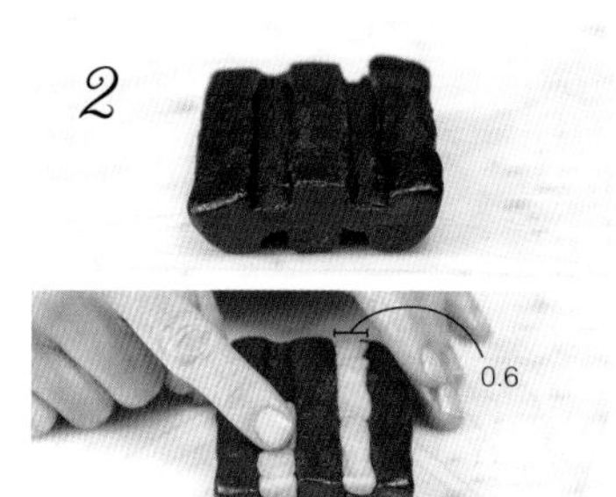

将直径0.6厘米的南瓜圆柱（常温）一点一点填入1的小坑中，压实。

⇒冷冻15分钟

3

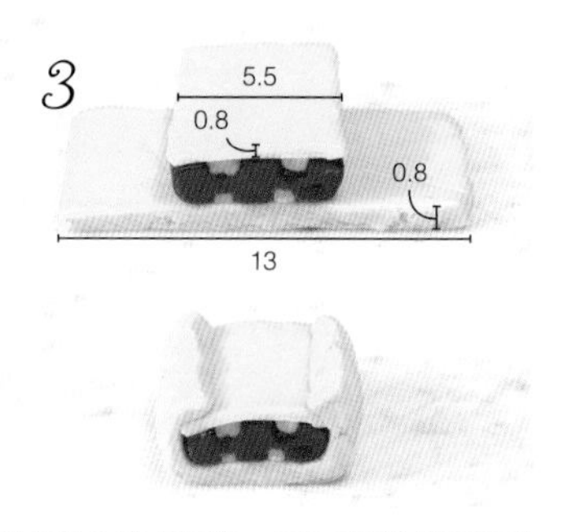

把2放在宽13厘米、厚0.8厘米的南瓜面皮（常温）上，再将宽5.5厘米、厚0.8厘米的南瓜面皮（常温）放在上面，包起来，压实。⇒冷冻15分钟

4

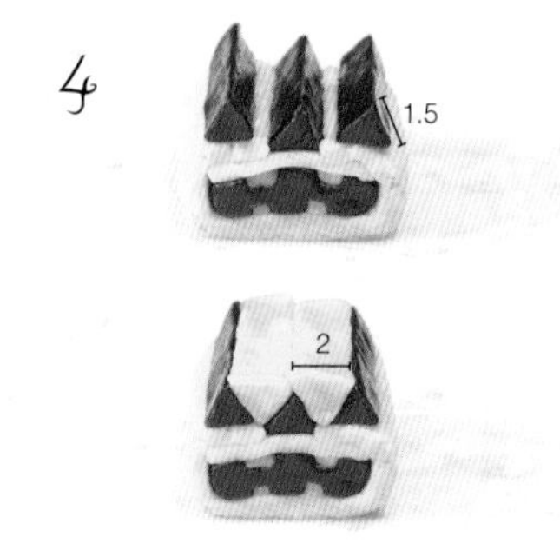

将3根边长1.5厘米的黑可可三棱柱（冷冻）放在3的上面，再放上边长2厘米的南瓜三棱柱（常温），压实。

⇒冷冻5分钟

5

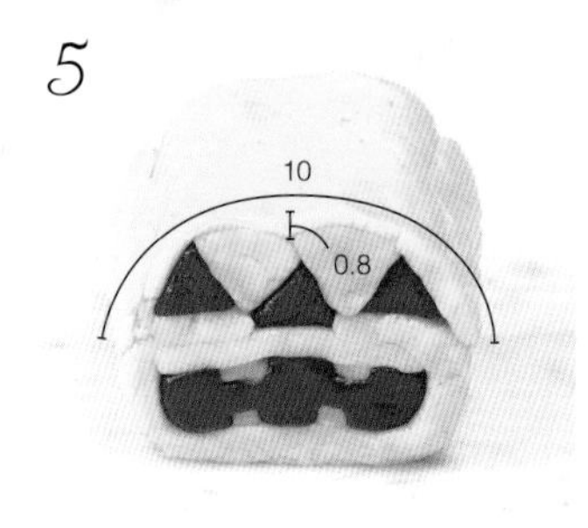

将宽10厘米、厚0.8厘米的南瓜面皮（常温）放在4上，压实。

完成

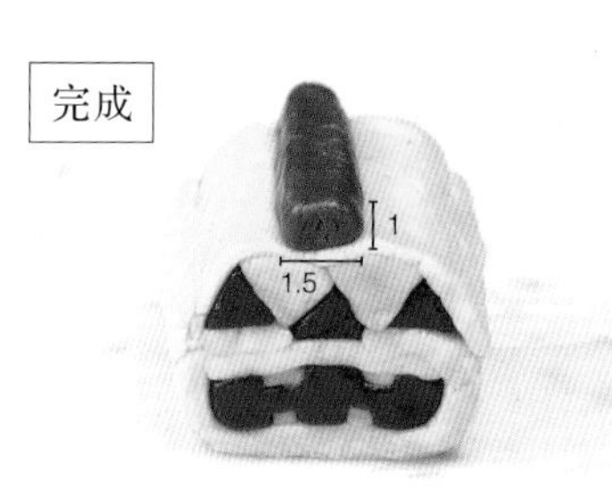

放上宽1.5厘米、高1厘米的抹茶长方块（常温），压实即可。⇒冷冻30分钟

切成0.7～0.8厘米厚的片，烤箱预热至170℃，烤15分钟左右，再调到160℃，继续烤5～8分钟。

23

女巫帽

材料

★黄油面团（成品约200克）

无盐黄油	100克
糖粉	75克
全蛋	27克
盐	2小撮

●紫色、紫薯味（成品约330克）

★黄油面团	165克
♥低筋面粉	119克
杏仁粉	23克
紫薯粉	23克

●黑色、黑可可味（成品约45克）

★黄油面团	23克
♥低筋面粉	16克
杏仁粉	3克
黑可可粉	4克

●黄色、南瓜味（成品约20克）

★黄油面团	10克
♥低筋面粉	7克
杏仁粉	2克
南瓜粉	2克

※由于每个人力道大小不同，做出部件的尺寸有所差异，所以配方分量比实际用量略多。

做法

1 用★的材料做成黄油面团（做法参照第48页）。

2 加入♥的材料，做成三色面团。

制作基本部件

※长度均为8厘米。

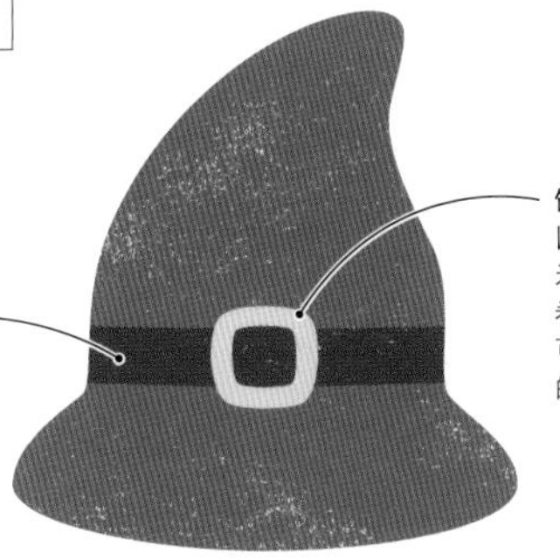

1

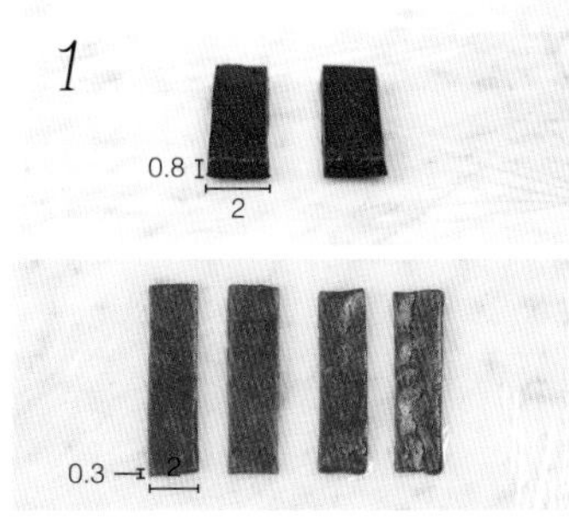

做宽2厘米、厚0.8厘米的黑可可平板形面团（冷冻）2块和宽2厘米、厚0.3厘米的紫薯面皮（常温）4块。

2

将 *1* 的黑可可面皮（冷冻）用2块紫薯面皮（常温）夹起来。以此方法做2个。

⇒冷冻15分钟

3

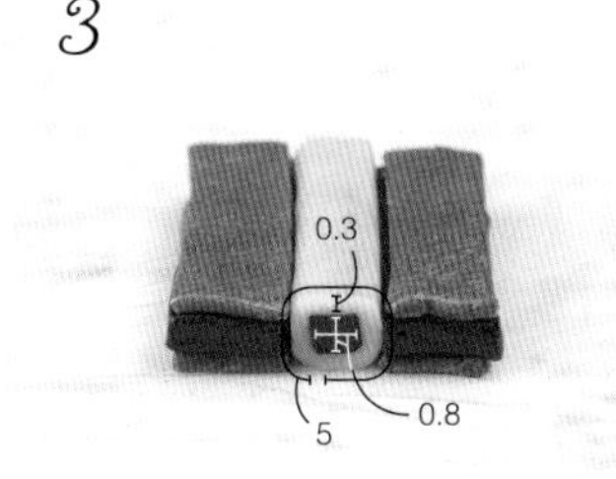

用宽5厘米、厚0.3厘米的南瓜面皮（常温）将边长0.8厘米的黑可可长方体（冷冻）卷起来，用 *2* 将此部件夹在中间。

⇒冷冻5分钟

4

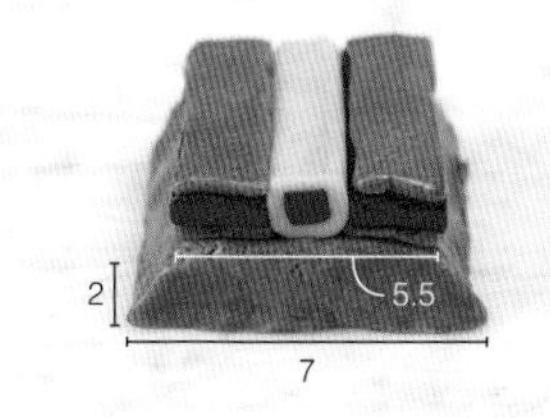

将 *3* 放在底边7厘米、上边5.5厘米、高2厘米的紫薯梯形面团（常温）上，向下压实。

⇒冷冻15～20分钟

5

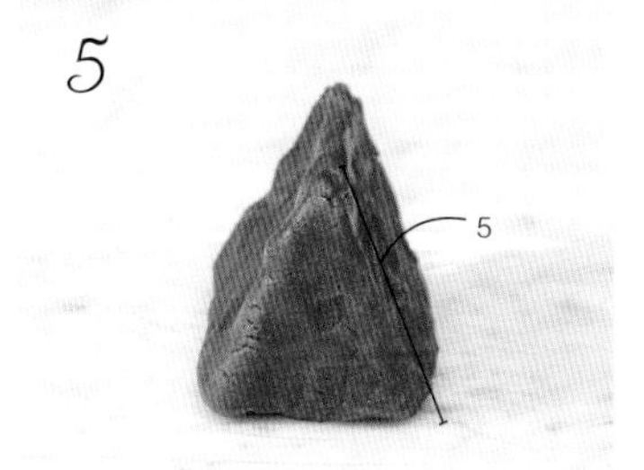

做1个边长5厘米的紫薯三棱柱（常温）。

完成

把 *5* 放在 *4* 的上面，从上向下按压，使其合为一体。⇒冷冻30分钟以上

切成0.7～0.8厘米厚的片，烤箱预热至170℃，烤15分钟左右，再调到160℃，继续烤5～8分钟。

24

袜子

材料

★黄油面团（成品约250克）

无盐黄油	125克
糖粉	95克
全蛋	33克
盐	2小撮

●紫色、紫薯味（成品约300克）

★黄油面团	150克
♥低筋面粉	108克
杏仁粉	21克
紫薯粉	21克

●黄色、南瓜味（成品约200克）

★黄油面团	100克
♥低筋面粉	72克
杏仁粉	14克
南瓜粉	14克

※由于每个人力道大小不同，做出部件的尺寸有所差异，所以配方分量比实际用量略多。

做法

1 用★的材料做成黄油面团（做法参照第48页）。

2 加入♥的材料，做成双色面团。

制作基本部件

※长度均为8厘米。

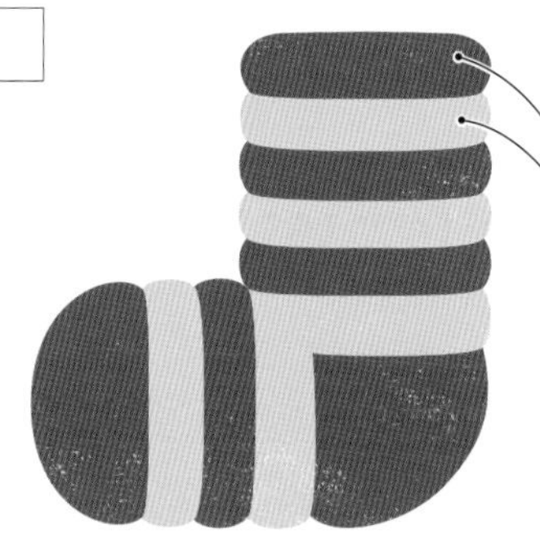

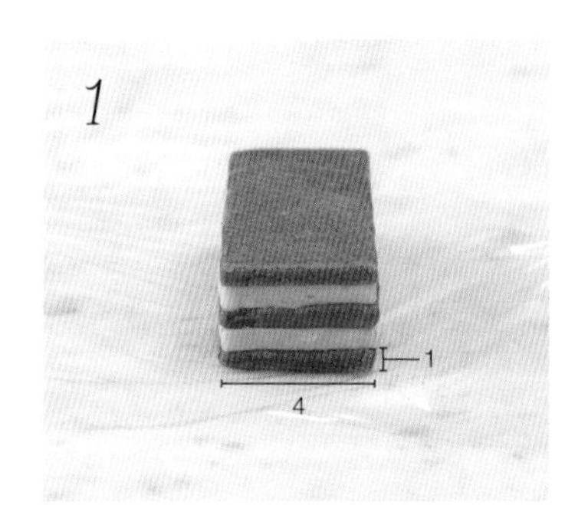

做宽4厘米、厚1厘米的紫薯面皮（常温）4块和宽4厘米、厚1厘米的南瓜面皮（常温）5块，将3块紫薯皮和2块南瓜皮交错摆放，用力压实。⇒冷冻15分钟

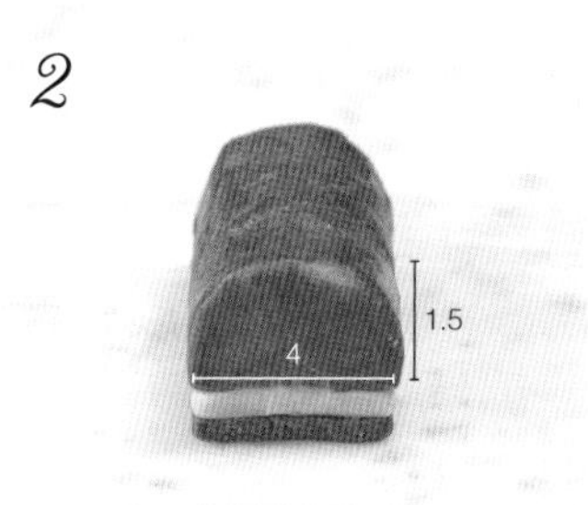

将*1*中剩下的紫薯面皮1块和南瓜面皮1块重叠，将底边4厘米、高1.5厘米的紫薯鱼糕形面团（冷冻）放在上面，压实。⇒冷冻5分钟

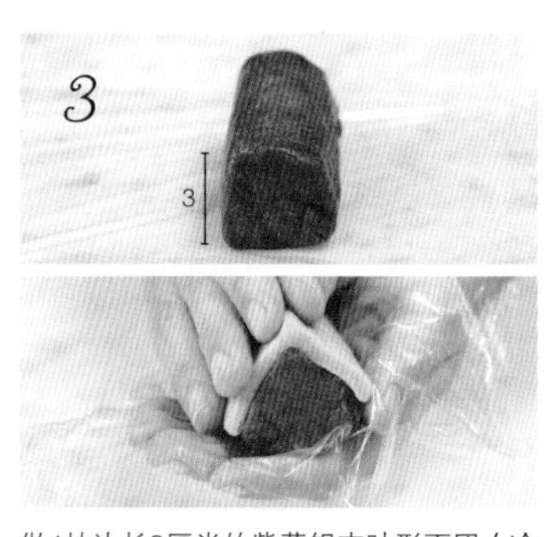

做1块边长3厘米的紫薯银杏叶形面团（冷冻），用*2*中剩下的2块南瓜面皮包住直角边。

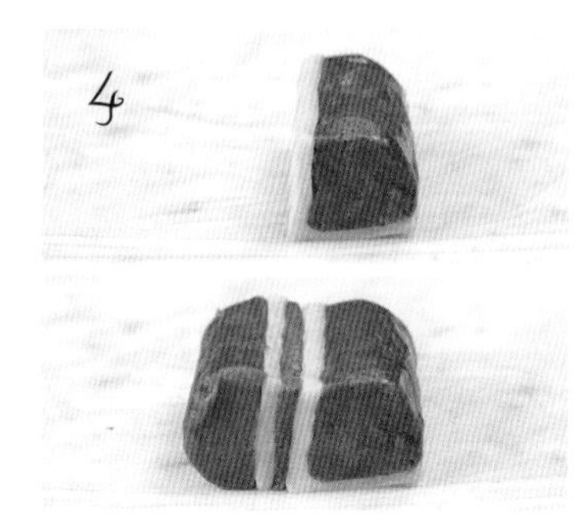

将*2*牢牢固定在*3*上，压实。

把*4*倒置，整形。⇒冷冻15～20分钟

把*1*放在*5*上，牢牢固定，压实即可。⇒冷冻30分钟以上

切成0.7～0.8厘米厚的片，烤箱预热至170℃，烤15分钟左右，再调到160℃，继续烤5～8分钟。

25

圣诞树

材料

★黄油面团（成品约140克）

无盐黄油	70克
糖粉	53克
全蛋	18克
盐	1小撮

●绿色、抹茶味（成品约105克）

★黄油面团	53克
♥低筋面粉	39克
杏仁粉	7克
抹茶粉	6克

●白色、原味（成品约80克）

★黄油面团	40克
♥低筋面粉	33克
杏仁粉	7克

●红色、覆盆子味（成品约65克）

★黄油面团	33克
♥低筋面粉	24克
杏仁粉	5克
覆盆子粉	4克

●褐色、可可味（成品约20克）

★黄油面团	10克
♥低筋面粉	7克
杏仁粉	2克
可可粉	2克

※由于每个人力道大小不同，做出部件的尺寸有所差异，所以配方分量比实际用量略多。

做法

1 用★的材料做成黄油面团（做法参照第48页）。

2 加入♥的材料，做成四色面团。

制作基本部件

※长度均为8厘米。

1

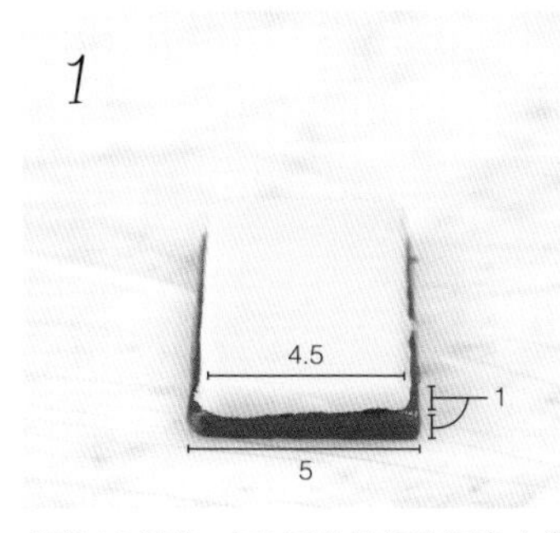

把宽4.5厘米、厚1厘米的原味面皮（常温）放在宽5厘米、厚1厘米的抹茶面皮（常温）上。

2

将宽4厘米、厚1厘米的覆盆子面皮（常温）和宽3.5厘米、厚1厘米的抹茶面皮（常温）按顺序放在1上。

3

再将宽3厘米、厚1厘米的原味面皮（常温）和宽2.5厘米、厚1厘米的覆盆子面皮（常温）按顺序放在2上。

4

将宽2厘米、厚1厘米的抹茶面皮（常温）放在3上，整形。

⇒冷冻15～20分钟

5

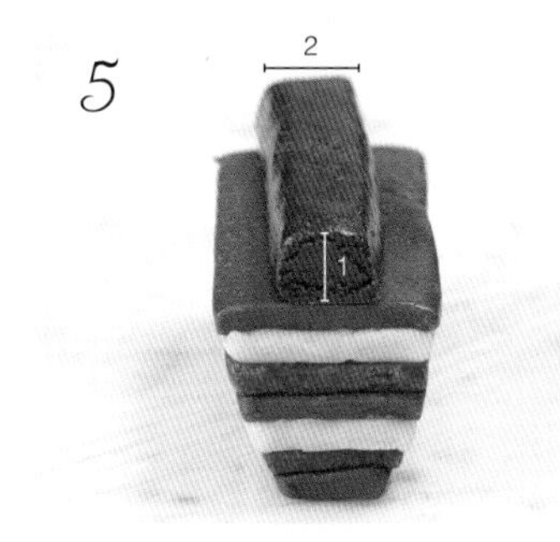

把宽2厘米、厚1厘米的可可长方体（常温）放在倒置的4上。

⇒冷冻5分钟

完成

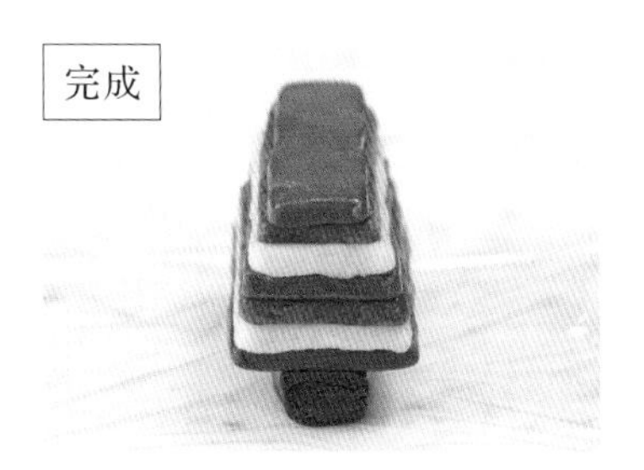

将5压实，牢牢固定后整形即可。

⇒冷冻30分钟以上

切成0.7～0.8厘米厚的片，烤箱预热至170℃，烤15分钟左右，再调到160℃，继续烤5～8分钟。

图书在版编目（CIP）数据

超可爱造型饼干 / 日本身丈制果编著 ; 金璐译. --
海口 : 南海出版公司, 2018.2
ISBN 978-7-5442-6594-2

Ⅰ. ①超… Ⅱ. ①日… ②金… Ⅲ. ①饼干—制作
Ⅳ. ①TS213.22

中国版本图书馆CIP数据核字(2017)第298928号

著作权合同登记号　图字：30-2017-129
TITLE：[MINOTAKESEIKA NO ICEBOX COOKIE]
BY：[Minotakeseika]

CHAO KE'AI ZAOXING BINGGAN
超可爱造型饼干

策划制作：北京书锦缘咨询有限公司（www.booklink.com.cn）
总 策 划：陈　庆
策　　划：李　伟

编　　者：日本身丈制果
译　　者：金　璐
责任编辑：余　靖
排版设计：柯秀翠
出版发行：南海出版公司 电话：（0898）66568511（出版）（0898）65350227（发行）
社　　址：海南省海口市海秀中路51号星华大厦五楼　邮编：570206
电子信箱：nhpublishing@163.com
经　　销：新华书店
印　　刷：北京利丰雅高长城印刷有限公司
开　　本：889毫米×1194毫米　1/16
印　　张：6
字　　数：175千
版　　次：2018年2月第1版　　2018年2月第1次印刷
书　　号：ISBN 978-7-5442-6594-2
定　　价：46.00元

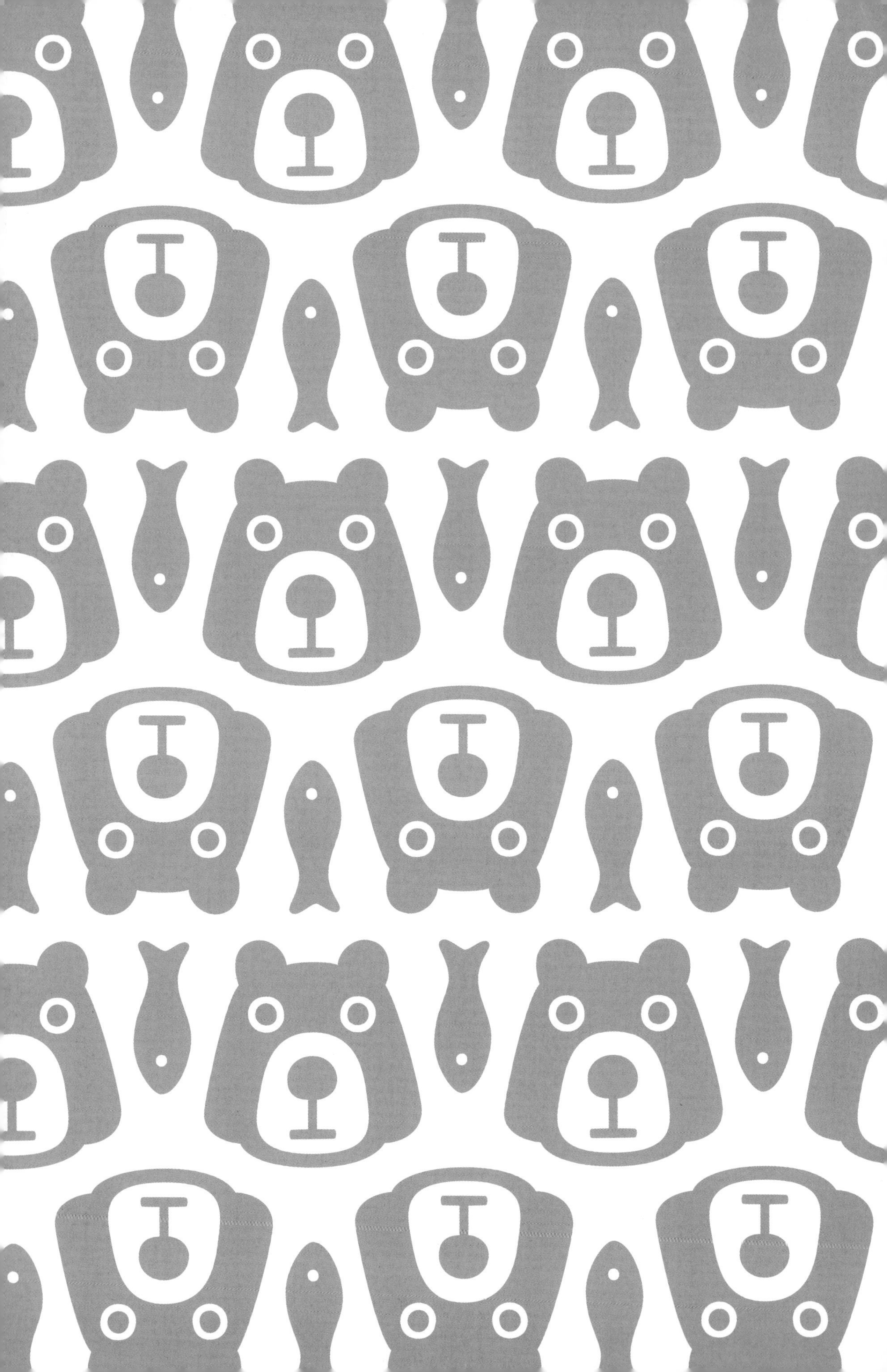